Gustav Tornier

Der Kampf mit der Nahrung

Ein Beitrag zum Darwinismus

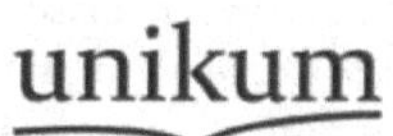

Gustav Tornier

Der Kampf mit der Nahrung

Ein Beitrag zum Darwinismus

ISBN/EAN: 9783845741383
Erscheinungsjahr: 2012
Erscheinungsort: Bremen, Deutschland

www.unikum-verlag.de | office@unikum-verlag.de

Gustav Tornier

Der Kampf mit der Nahrung

Ein Beitrag zum Darwinismus

Vorrede.

Ueber die wissenschaftliche Berechtigung der Darwinschen Lehren darf ich kein Wort verlieren. Die ganze moderne Naturwissenschaft ist ein Beweis für ihre Richtigkeit und verspätete Angriffe gegen dieselben finden gegenwärtig kaum noch Beachtung. Versuchen wir es aber einmal uns klar darüber zu werden, was denn eigentlich von den Lehren Darwins positiv bewiesen ist, so müssen wir erstaunen über die geringen Resultate unserer Forschung. Es steht fest, dass es eine Variabilität der Individuen giebt. Es steht ferner fest, dass diese Variabilität auf Anpassung und Vererbung beruht. Das ist aber auch alles; denn fragen wir weiter: welche Ursachen bewirken jene Veränderungen des Organismus, welche wir als Anpassungserscheinungen bezeichnen, so stehen wir sofort zwei diametral entgegengesetzten Ansichten gegenüber. Im Innern des Organismus, sagt Nägeli, liegen die Ursachen für die Veränderlichkeit und Fortentwicklung. Die äussern Einflüsse können höchstens den Anstoss zur Bethätigung der inneren Kräfte geben. Diese Ansicht hat hauptsächlich unter den Botanikern Anhänger gefunden; während die entgegengesetzte, hauptsächlich von Häckel vertretene, ausschliesslich äusseren Ursachen (speziell dem Kampf mit anderen Individuen, der natürlichen Zuchtwahl) die Umbildung der Individuen zuschreibt. Ihr hängen, besonders nach dem Auftreten Weismanns u. and., die meisten Zoologen an. Endlich nehmen viele Naturforscher eine Mittelstellung ein: was sie nicht erklären können, führen sie auf innere Ursachen zurück; was sich übersehen lässt, auf äussere.

Diese Verwirrung in den Grundbegriffen hat der Fortentwicklung des Darwinismus sehr geschadet. Die physiologischen und biologischen Probleme, welche seit dem Erscheinen der Darwinschen Werke im Vordergrunde standen, sind langsam zurückgedrängt worden; wiederum hebt die einseitige, rein morphologische Richtung, die sich so gern als exacte Forschung bezeichnet, kühn ihr Haupt und droht die andern Zweige der Naturwissenschaft zu überwuchern — dem muss so bald wie möglich vorgebeugt werden.

Ich habe es versucht, die Frage, ob innere oder äussere Ursachen die Umwandlung der Organismen bewirken, auf Grund der bis jetzt vorliegenden Thatsachen zu entscheiden. Ich bin dabei zu weittragenden Schlüssen gekommen, deren Prüfung ich gern einer gerechten Kritik überlasse.

Das Material, auf welches ich mich stütze, ist mit wenigen, von mir herrührenden Ausnahmen den Werken und Arbeiten bedeutender Forscher entnommen. Ich wollte mir ein Fundament schaffen, auf dem ich sicher bauen konnte. Dass ich nicht die ganze einschlägige Literatur benutzt habe, ja sicherlich vieles wichtige nicht gefunden, gebe ich zu, es ist das aber bei der Ausdehnung des vorliegenden Gegenstandes verzeihlich. —

Man könnte in Folge dessen vielleicht einwenden, dass ich mit zu wenig Material gearbeitet habe; dazu bemerke ich, dass erstens das benutzte Material um so sicherer ist und dass ich zweitens, um die Arbeit nicht zu sehr anschwellen zu lassen, manche Capitel absichtlich gekürzt habe, mir aber vorbehalte, die betreffenden Abschnitte in besonderen Arbeiten ausführlich zu behandeln; es ist also die ganze Arbeit in gewissem Sinne als vorläufige Mitteilung aufzufassen.

Ferner möchte ich noch besonders auf die im Anhange befindliche Besprechung der Nägelischen Abhandlung: „Ueber Varietätenbildung im Pflanzenreiche“ aufmerksam machen; sie bildet einen wesentlichen Teil des ersten Buches dieser Arbeit; auch bitte ich die daselbst befindlichen Notizen: „Ueber Cultur- und

Züchtungsversuche“ zu berücksichtigen. Meine Mittel sind leider beschränkt, und besonders vermag ich Cultur- und Züchtungsversuche durchaus nicht in dem Masse auszuführen, wie es im Interesse des behandelten Gegenstandes dringend geboten erscheint. Ich ersuche daher alle diejenigen Herren, welche sich in einer glücklicheren Lage befinden, nach besagtem Schema Züchtungsversuche anzustellen und deren Resultate zu veröffentlichen.

Berlin, im Januar 1884.

Der Verfasser.

Inhalts-Verzeichnis.

Einleitung.

Der Kampf um das Leben bei den Pflanzen.

Der Kampf um das Leben bei den Tieren.

Einleitung.

Es bildet die Erhaltung des Lebens[1] die vornehmste Aufgabe jedes belebten Individuums. Zur Erfüllung derselben besitzt sein Organismus die beiden Functionen der Fortpflanzung und Ernährung. Durch die Fortpflanzung wird die Lebenskraft vervielfältigt und auf mehrere gleichwertige Individuen übertragen, wodurch sie besser gegen Vernichtung gesichert ist. Die Ernährung trägt zur Erhaltung des Lebens bei, indem sie in den einzelnen Organen des Individuums die durch Arbeitsleistung verlorenen Kräfte ersetzt und es dadurch nicht nur erhält, sondern auch befähigt. neue Arbeit zu leisten. Sein Leben muss das Individuum erhalten um möglichst viele fortpflanzungsfähige Nachkommen zu erzeugen.

Die Gefahr für das Leben und der Zwang zur Arbeit erwächst dem Individuum aus dem Kampfe ums Leben (struggle for life), das heisst aus dem Kampfe mit den wechselnden Einflüssen seiner Umgebung, die es beständig mit Vernichtung bedrohen. Zu heftigen und gefahrbringenden Einflüssen sucht es zu entgehen, indem es sich ihnen unterwirft: das geschieht durch Anpassung an dieselben und Vererbung der durch die Anpassung von ihm erworbenen vorteilhaften Eigenschaften auf die aus ihm hervorgehenden neuen Individuen.

Von den beiden ebengenannten biologischen Grundgesetzen hat das Gesetz der Vererbung und im Zusammenhang damit die sexuelle Seite des Lebens durch ausgezeichnete Forscher vorzügliche Bearbeitung gefunden, so dass die Untersuchungen auf diesem Gebiete — obgleich das Wesen der Erblichkeit noch nicht ergründet worden ist — zu einem gewissen Abschluss gelangt sind; weniger durchforscht und nur in einzelnen Partien genauer bekannt sind die Gesetze der Anpassung, so dass eine Bearbeitung derselben dringend geboten erscheint.

Das Gebiet der Anpassung erstreckt sich — wie oben gesagt — über sämmtliche Einflüsse, welche von der Umgebung auf das einzelne Individuum ausgeübt werden, es lassen sich dieselben indess in drei grössere Gruppen zerlegen, wie folgende Beispiele zeigen:

Die Raupen des Schillerfalters, Apatura Iris, der Weideneule, Orthosia lota, und andere, welche alle sich von den Blättern der Sahlweide nähren, werden, sobald ihre Nahrung nicht im Ueberfluss vorhanden ist, einen Kampf um das Dasein beginnen und es werden diejenigen siegreich sein, welche vermöge bestimmter Eigenschaften die Mitbewerber verdrängen können. Es kämpfen hiebei mehrere Individuen einen Kampf um die Nahrung.

Ganz anders gestaltet sich das Ringen um die Existenz, wenn der Raupe des Windenschwärmers, Sphinx convolvuli, nur Weidenblätter als Nahrung geliefert werden. Jedermann weiss, dass viele monophage Raupen — unter ihnen diejenige des Windenschwärmers — Blätter ihnen nicht adäquater Pflanzen verschmähen und folglich den Hungertod erleiden. Sie verschmähen die Blätter, welche Nährstoffe in Menge enthalten, da sie ja andern Individuen zur Nahrung dienen, weil ihr Organismus dieselben nicht in seine eigene Substanz umzuwandeln vermag. Es kämpft hier ein einzelnes Individuum einen Kampf mit der Nahrung, es geht unter, bevor es zum Kampf um die Nahrung gelangt.

Endlich ist noch der Kampf zu erwähnen, den das Weidenblatt gegen die Raupen besteht, oder, wenn wir ein anderes Beispiel wählen, derjenige, welchen die Raupe gegen ihre Feinde zu führen hat: der Kampf als Nahrung.

Diesen drei Arten des Daseinskampfes sind alle belebten Individuen, Pflanzen sowohl wie Tiere, ausgesetzt; jedoch ist die Reihenfolge der verschiedenen Kämpfe eine von der obigen wesentlich abweichende; denn nur deshalb, weil die Raupen der Weideneule sich von Weidenblättern nähren, werden sie dazu geführt, einen Kampf um dieselben zu beginnen: es ist mithin der Kampf mit der Nahrung primär, dann folgt der Kampf um die Nahrung, und als dritter schliesst sich den beiden der Kampf als Nahrung an.[2]

Der Kampf um das Leben bei den Pflanzen.

Abteilung I.

Der Kampf mit der Nahrung.

Cap. I.

Die Nahrung der Pflanze.

Der Einfluss der verschiedenen Arten des Kampfes ums Leben wird sich am besten bei den Individuen verfolgen lassen, welche nicht die Fähigkeit besitzen, ihnen wenig günstige Nahrungsgebiete mit andern besser für sie passenden zu vertauschen, es sind das die höher organisirten Pflanzen. Da viele derselben, durch Samenwanderung veranlasst, weit von dem Orte ihrer Entstehung zur Entwicklung gelangen und fructificiren und dadurch nicht selten in völlig fremde Lebensbedingungen geraten, so werden sie, da sie aus Mangel an freier Bewegung für Lebenszeit an den einmal gewonnenen Standort festgebannt sind, einen heftigen Kampf mit ihrer Umgebung zu bestehen haben.

Aus diesem Grunde ist mit den Pflanzen die Untersuchung zu beginnen und zwar gilt es zuerst, festzustellen, welchen Einfluss der Kampf mit der Nahrung auf den Pflanzenorganismus auszuüben vermag. Zu diesem Zwecke ist es durchaus notwendig, vorher einen Blick auf die Nahrungsmittel der Pflanze zu werfen.

Nahrungsmittel eines Individuums sind alle ausser ihm befindlichen Kräfte oder Stoffe — d. h. Träger von Kräften — welche mit seinem Organismus eine Verbindung eingehen können und ihn dadurch befähigen, Arbeit zu leisten. Diese Bedingungen werden bei den Pflanzen nicht nur von den chemischen Elementen, welche den Pflanzenkörper zusammensetzen, erfüllt, sondern auch von den immateriellen Kräften: Licht und Wärme. Ohne Licht ist keine Neubildung organischer Substanz möglich: es werden mithin durch das Licht der Pflanze Kräfte zugeführt, welche sie befähigen, Arbeit zu leisten, ebenso durch die Wärme. „Es muss angenommen werden, sagt Krašan,[3] dass die am Entwicklungsprozess der Pflanzen beteiligten Factoren sich in bestimmten Verhältnissen verbinden, wenn auch dem Lichte keine Stofflichkeit zugeschrieben werden kann; denn offenbar erfordert eine bestimmte Menge von Nährstoffen nicht nur eine bestimmte Quantität Wasser, sondern auch eine ganz bestimmte Menge Wärme, damit die Pflanze in der festgesetzten Zeit jene Stoffmenge assimilire; darum verhalten sich Licht, Wärme und Wasser, sowie der Nährstoffgehalt des Bodens und der Atmosphäre in ihrer gegenseitigen und gemeinsamen Einwirkung auf die Pflanze wie Factoren eines Productes" — d. h. sie in ihrer Gesammtheit bilden die Nahrung der Pflanze.

Als Material für unsere Untersuchungen werden die Landpflanzen dienen, da die Wasserpflanzen wegen der geringen Differenzirung ihrer Nährstoffe für uns wenig bemerkenswerth sind. Wo es angeht, sollen auch sie Berücksichtigung finden.

Ferner ist zu erwähnen, dass die in der Natur vorkommenden, scheinbar durch die Veränderung der einzelnen Nährstoffe hervorgerufenen Veränderungen des Pflanzenorganismus meistens sich als das Gesammt-Resultat der Wechselwirkung verschiedener Nährstoffe herausstellen, da — wie schon erwähnt — dieselben sich wie Factoren eines Productes verhalten, sodass es unmöglich ist einen derselben zu verändern, ohne die andern in Mitleidenschaft zu ziehen. Veränderungen in der Beleuchtung des Bodens führen Veränderungen in der Erwärmung desselben mit sich und diese wirken modifizirend auf den Feuchtigkeitsgehalt und damit zugleich auf den Verlauf der chemischen und physikalischen Processe im Boden ein.

Andererseits hängt die Wirkung der Wärme auf den Boden doch nicht allein von der Stärke der Bestrahlung ab, sondern mehr noch von den chemischen und physikalischen Eigenschaften des den Boden zusammensetzenden Gesteines, von dessen wasserhaltender Kraft und wärmebindendem Vermögen. Ja sogar die grössere oder geringere Absorption oder Reflexion des Lichtes, mithin die darausfolgenden Modificationen der directen Beleuchtung durch Sonnenstrahlen gehören ebenfalls dem Boden oder Gesteine an.[4]

Wie unendlich complicirt diese Wechselbeziehungen sind, zeigt sich am besten in der experimentell bewiesenen Thatsache, dass derselbe Boden in verschiedenem Dichtigkeitszustande ganz verschiedene Eigenschaften besitzt:[5]

„So verdunstet derselbe Boden in dichtem Zustande mehr Wasser als in lockerem, weil durch das Zusammenpressen des lockeren krümeligen Erdreichs die Bewegung des Wassers aus den tieferen an die oberen Schichten beschleunigt und somit der hier stattfindende Verlust leichter ersetzt wird. Aus letzterem Grunde hält sich die Oberfläche um so länger feucht, je dichter die Lagerung der Bodenteilchen ist."

„Der dichte Boden besitzt ferner eine grössere Wassercapacität und in Folge dessen eine geringere Durchlässigkeit für Wasser als der lockere; er stellt daher den Pflanzen grössere Wassermengen zur Verfügung als der lockere. Er besitzt ausserdem ein besseres Wärmeleitungsvermögen, weil in dem Grade die vom Boden eingeschlossene Luftmenge vermindert die Wassercapacität erhöht, also der schlechte Leiter, die Luft, durch den besseren, das Wasser, ersetzt wird, und die Bodenteilchen in eine innigere Berührung mit einander kommen."

„Je dichter die Bodenteilchen aneinandergelagert sind, um so bedeutender sind deshalb die Temperaturschwankungen im Boden u. s. w."

Ebenso modifizirt Beschattung die Eigenschaften des Bodens.

Diese Beispiele beweisen zur Genüge, dass an eine Eliminirung der einzelnen Nährstoffe nicht gedacht werden darf, wenn nun trotzdem in dieser Arbeit der Versuch gemacht wird, dieselben gesondert zu behandeln, so geschieht es, um mit der Bezeichnung des speciellen Nährstoffes die am meisten jedoch nicht allein wirkende Ursache der Beeinflussung anzugeben.

Cap. II.
Wärme und Licht.

Beginnen wir die Einzeluntersuchung mit den beiden immateriellen Nahrungsfactoren: Wärme und Licht.[6]

Wärme ist für die Pflanze notwendig zur Ausführung innerer Arbeit, denn jedes einzelne ihrer Organe kann seine Function erst dann beginnen, wenn die Temperatur der Pflanze einen bestimmten Grad über dem Gefrierpunkt ihrer Säfte erreicht hat und es stellt seine Function wiederum ein, wenn die Temperatur bis zu einem bestimmten Höhepunkt gelangt. Die Temperaturgrenzen für die einzelnen Functionen sind dabei ausserdem noch verschieden.

Solche Grenzen für das Minimum und Maximum der Temperatur giebt es für jede Pflanze, jedoch ist das Wärmebedürfnis bei den einzelnen Individuen ein sehr ungleiches, sodass die Grenzen für ihre Existenz bald höher, bald tiefer liegen. Es folgt daraus mit Notwendigkeit, dass die Pflanzen nach diesem Wärmebedürfnis über den Erdboden verteilt sein müssen, denn es ist undenkbar, dass eine Pflanze, welche hohe Temperaturen zur Ausführung ihrer inneren Arbeit fordert, in Gegenden gedeihen sollte, die solche hohen Temperaturgrade garnicht besitzen. In der That lehrt die Pflanzengeographie, dass jede Wärmezone eine ihr eigentümliche Flora aufzuweisen hat. „Aber es ist auch möglich, in einem und demselben Breitengrade und zu einer und derselben Zeit Verschiedenheiten in der Vegetation zu beobachten, wie sie die nebeneinander liegenden Zonen darbieten. Aus der Region des Weinbaues und der dichten Wälder gelangt man allmählich im Gebirge aufsteigend in das Nadelholz, bis weiter hinauf die grösseren Bäume in niedriges Strauchwerk und Gestrüpp übergehen, welche alsbald verschwinden und unscheinbaren Pflänzchen den Platz allein überlassen. Moose und

Flechten sind es, welche die starren Felsen hinaufbegleiten bis in die Regionen des ewigen Schnees und Eises".[7]

In gleicher Weise wie die Wärme ist das Licht notwendig für die Pflanze, da nur unter seiner Einwirkung Assimilation und Zersetzung der Kohlensäure stattfinden kann — ein Process, von dem die Neubildung organischer Verbindungen aus den Elementen der Kohlensäure und des Wassers abhängt.

Auch in Betreff des Lichtes giebt es für jede Pflanze bestimmte Maximal- und Minimalgrenzen: „Es ist eine allbekannte Thatsache," sagt Stahl,[8] „dass die Pflanzenarten in ihren Ansprüchen auf Beleuchtung sich höchst verschieden verhalten. Die einen begehren ungeschwächtes Tageslicht; andere wieder gedeihen nur im Schatten; viele Arten endlich sind in Bezug auf Beleuchtungsstärke weniger wählerisch: wir treffen dieselben ebensowohl an sonnigen als an schattigen Standorten. Viele unserer Sonnenpflanzen, welche auf Aeckern und anderen freien Standorten gedeihen, etioliren dort, wo Schattenpflanzen — Farne, Mercurialis perennis, Lamium Galeobdolon, Oxalis acetosella, Asperula odorata u. s. w. — erst ihre volle Entfaltung erreichen."

Es versteht sich von selbst, dass die Pflanzen nach diesem Lichtbedürfnis in der Natur verteilt sind.

Ist diese Anpassung an bestimmte Nährstoffgebiete das Resultat innerer Ursachen oder äusserer?

Ehe wir zur Lösung dieser Frage übergehen, müssen wir die Einwirkung des Lichtes und der Wärme auf den Pflanzenorganismus etwas näher untersuchen.

Ist unter Mitwirkung des Lichtes ein gewisses Quantum assimilirter Substanz entstanden, so kann eine Reihe von Vegetationsvorgängen auf Kosten derselben ohne directe Mitwirkung des Lichtes stattfinden. Führt man z. B. den Ast einer Pflanze in eine dunkle Kammer, sodass er nicht selbst assimilirt, sondern Assimilationsprodukte von den andern ausserhalb der Kammer befindlichen Sprossen erhält, so beginnen die verdunkelten Organe, sobald die Temperatur die unterste Grenze ihres Wärmebedürfnisses erreicht hat, zu wachsen und zwar um so stärker je mehr die Wärme zunimmt, sodass einem Steigen und Fallen der Temperatur sofort durch entsprechendes Steigen und Fallen der Wachstumskurve entsprochen wird. Diese Beschleunigung des Wachstums erfolgt bis zu einem bestimmten Temperaturgrade, der zwischen Maximum und Minimum ungefähr in der Mitte liegt; von ihm aus bis zum Maximum nimmt das Wachstum mit der Temperatur nicht mehr zu sondern ab, bis es endlich an der äussersten Grenze völlig erlischt.

Eine Vergleichung der im Dunkeln gewachsenen Zweige mit denjenigen, welche dem Sonnenlichte ausgesetzt waren, zeigt ferner, dass die mit Ausschluss des Lichtes nur in der Wärme entstandenen Internodien bedeutend länger und voluminöser sind als diejenigen, welche einer entgegengesetzten Behandlung unterworfen wurden, und dass ausserdem das Wachstum der Vegetationsorgane in der Wärme später aufhört als im Lichte.

Dieser fundamentale Unterschied in der Wirkung der beiden Factoren: Wärme und Licht spiegelt sich besonders deutlich in der Beeinflussung, welche der Gang des Wachstums durch die periodischen Wechsel von Tageslicht und nächtlicher Dunkelheit erfährt. Es steigt nämlich die Wachstumscurve von Abend bis Morgen, auch wenn die Temperatur in der Nacht um einen Grad oder mehr fällt; nach Sonnenuntergang sinkt sie plötzlich und rasch, obgleich die Temperatur sich um mehrere Zehntel Grade hebt, dieses Fallen dauert gewöhnlich bis zum Abend, sodass von Abend bis Morgen Steigerung, von Morgen bis Abend Verminderung des Wachstums herrscht.

Es wirkt mithin die Wärme volumenvergrössernd auf die Vegetationsorgane, das Licht volumenvermindernd, retardirend.

Es fragt sich nun, wo im letzteren Falle die neugebildeten organischen Substanzen bleiben, welche, obgleich sie nur dem Lichte ihre Entstehung verdanken, doch wegen der retardirenden und reducirenden Wirkung desselben, nicht in ihrer Gesammtheit zur Vergrösserung der Vegetationsorgane Verwendung finden: sie werden in der Form von Stärke, Zucker, Cellulose u. s. w. als Reservestoffe in der Zelle abgelagert und so zu einer späteren Verarbeitung aufgespeichert. Das Licht wirkt also nicht nur retardirend sondern reservestoffbildend; die Wärme dagegen reservestoffvermindernd.

Dieses eigentümliche, entgegengesetzte Wirken des Lichtes und der Wärme zeigt sich am klarsten in dem Verhalten der Reproductions- zu den Vegetationsorganen, es ist daher zuerst zu untersuchen, in welchem Verhältnisse diese Organe zu einander stehen. Nachfolgende Versuche geben Aufschluss darüber.

Werden Pflanzen, welche auf einjährigen Vegetationsorganen unentwickelte Knospen tragen, ins Dunkel gebracht, so kommen die Knospen nicht zur Entwicklung, sie fallen ab, die ganze Pflanze etiolirt und geht zu Grunde. Anders dagegen, wenn nur die Knospen verdunkelt werden, die Vegetationsorgane im Lichte verbleiben und weiter assimiliren: es entwickelt sich alsdann die Blüte völlig normal. Dieses verschiedene Verhalten der Blüte unter denselben Bedingungen — da sie während beider Versuche in gleicher Weise im Dunkel verweilte — zeigt, dass sie kein selbständiges Leben hat: sie ist vom Lichte unabhängig d. h. besitzt nicht die Fähigkeit zu assimiliren, sondern hängt von den Producten ab, die ihr von den Assimilationsorganen geliefert werden; wird der Pflanze das zur Assimilation notwendige Licht entzogen, so gehen mit ihr die Knospen zu Grunde, darf sie weiter assimiliren, entwickeln sich die Knospen normal.

Ein zweiter Versuch lehrt dasselbe: Werden Kirschbaumzweige mit Blütenknospen im Herbste abgeschnitten und mit der Schnittfläche ins Wasser gestellt, so bringen sie in einem warmen Zimmer schon im Laufe des Winters Blüten hervor, gleichviel ob man sie an einem lichten oder an einem dunkeln Orte aufstellt. Je mehr gegen den Winter die Zweige abgeschnitten werden, desto besser und sicherer gelingt der Versuch. Sind die Zweige nicht gehörig reif d. h. nicht verholzt und nicht genügend mit im Sommer gebildeten Reservestoffen versehen, so kommen im Winter niemals Blüten zum Vorschein, möge man das Zimmer noch so warm halten.

Auch hier zeigt sich die Abhängigkeit der Reproductionsorgane von den Assimilationsproducten, obschon ihnen die letzteren nicht direct, sondern in Form von Reservestoffen geboten werden.

Dieselbe Erscheinung bietet die Entwicklung der Herbstzeitlose. Der Lebensprocess dieser Pflanze vollzieht sich in zwei physiologisch verschiedenen und zeitlich weit auseinanderliegenden Vorgängen. Im Frühjahr übernehmen die sammt der halb erwachsenen Frucht zum Vorschein kommenden Blätter das normale Geschäft der Assimilation, wobei teils die Frucht gezeitigt, teils ein Vorrat von Bildungsstoffen in den Zellen angehäuft wird. Dieser gelangt als Reservestoff in flüssiger Form allein in die Zwiebel. Schliesslich scheinen alle grünen Teile der Pflanze vor dem Absterben ihre umwandlungsfähigen Stoffe an die Zwiebel abzugeben. So, mit umwandlungsfähigen Substanzen gefüllt, giebt die Zwiebel der Herbstzeitlose dennoch 4 Monate lang kein sichtbares Lebenszeichen von sich. Aber mit Ende August steht auf einmal die Blüte da, der Blätter gänzlich entbehrend. Sie bedarf zu ihrer Entwicklung des Lichtes nicht, da ihr Wachstum auch in der Nacht fortdauert und ebenso rasch fortschreitet wie beim Lichte des Tages.

Aus diesen Beobachtungen kann als Gesetz festgestellt werden: dass die Reproductionsorgane zu ihrer Entwicklung auf die Producte der Assimilationsorgane angewiesen sind; dass es aber völlig gleichgültig ist, ob die Assimilationsproducte sofort oder später als Reservestoffe zur Blütenbildung und -entwicklung verwendet werden. Es ist mithin der Process der Blütenbildung ein einfacher Stoffwechselprocess, der an die Assimilation gebunden ist, mit ihr in directer Beziehung aber nichts zu thun hat.

Dass die Blüten wirklich nur Stoffwechselproducte sind, zeigt auch ein abnormes Verhalten solcher Pflanzen, welche ihren Blüten für gewöhnlich direct durch den Assimilationsprocess Nahrung zuführen:

Potentilla cinerea bildet im Spätherbst keine neuen Stengel und Blätter, aber dessen ungeachtet gelangen in dem milden Winter bei Görz (0 bis $+13^0$) einzelne Blüten zur Entwicklung. Sie erscheinen auf sehr kurzen Stielen zwischen den alten Blättern meist grösser, jedoch etwas blasser als im Frühjahr. Aehnliches geschieht bei Tormentilla erecta. Aber geradezu Staunen erregt die bei Centaurea Jacea, Scabiosa gramuntia, Geranium Robertianum, Ranunculus acris, Veronica spicata, Stenactis bellidiflora wahrzunehmende Erscheinung, dass, nachdem schon alle Blätter längst vom Froste zerstört worden sind, zuweilen einzelne Blüten aus den nackten Stengeln hervorbrechen trotz Winter und Kälte, ohne die geringste Spur einer Blattbildung. Selbst wenn die Stengel schon dem Froste erlegen sind, kommen oft bei Scabiosa gramuntia, wie unmittelbar aus der Wurzel, neue lebensfrische Blüten zum Vorschein; sehr oft sind sie bedeutend grösser und schöner als diejenigen, welche unter gewöhnlichen Umständen sich entwickeln.

Dieses Blühen nach Vernichtung der Vegetationsorgane geschieht auf Kosten der Reservestoffe; es lehrt zugleich, dass eine sehr geringe Temperatur genügend ist, die Blütenentwicklung anzuregen. Da nun auch die ersten Vegetationsorgane den Reservestoffen ihre Entstehung verdanken (Weidenzweige im Winter in Wasser gesetzt belauben sich), diese bei der geringen Wärme jedoch nicht zur Entwicklung gelangten, so folgt daraus, dass die Reproductionsorgane zu ihrer Entwicklung weniger Wärme bedürfen als die Vegetationsorgane — ein Satz, der auch durch das Frühblühen bei Cornus mas, Corylus Avellana, Ulmus campestris, Amygdalis communis, Prunus spinosa und Armeniaca, Persica vulgaris, Salix cinerea, Populus tremula, Daphne Mezereum Bestätigung findet.

Weil die Blüte Stoffwechselproduct ist, ist es zweifellos, dass sie selber um so grösser und schöner sich entfalten wird, je mehr Assimilationsproducte ihr zur Verfügung stehen. Da nun die letzteren nicht nur ihre Entstehung, sondern auch ihre Fixirung als Reservestoffe allein dem Lichte verdanken, so lautet der Schluss: Je intensiver das Licht, desto grösser die Blüte. Die Blüte ist mithin ein Product des Lichtes, während die Vegetationsorgane Producte der Wärme sind. Das ganze Entwicklungsgesetz lautet demnach: Zwischen Licht und Wärme.

Achsen und Blüten besteht ein Wechselverhältnis der Compensation derart: dass das Licht vorzugsweise die Processe der Assimilation und die Production der Blüten, die Wärme dagegen mehr die Achsenentwicklung, Streckung der Internodien, Verzweigung des Stammes fördert, das Licht hinwiederum diese Vorgänge retardirt.

Wir wenden uns jetzt der Wechselwirkung von Licht und Wärme zu und teilen zu dem Zweck die Pflanzen — nur die Extreme berücksichtigend — ein in solche, welchen viel Licht und viel Wärme, viel Licht und wenig Wärme, wenig Licht und viel Wärme, wenig Licht und wenig Wärme während der Dauer ihres Lebens geboten wird.

Pflanzen, welche viel Licht und Wärme erhalten.

Diejenigen Pflanzen, welche viel Licht und viel Wärme erhalten, treten in 2 Gruppen auseinander. Die erste Gruppe umfasst diejenigen Gewächse, welche ohne Unterbrechung das zu ihrer Entwicklung notwendige Wasser im Boden finden — die Pflanzen der tropischen Niederungen; die andere Gruppe wird dagegen von solchen Gewächsen gebildet, denen die nötige Wassermenge nur periodisch zu Teil wird, es sind das: die Steppen- und Wüstenpflanzen und die Sandpflanzen unserer Regionen.

Die Gewächse der tropischen Niederungen treiben Blüten und Blätter in continuirlicher Folge, sodass bevor die Früchte der einen Entwicklungsperiode reif geworden sind, schon die Blüten einer neuen erscheinen, sodass Blüten, unreife und völlig ausgereifte Früchte auf einem Stamme zu finden sind. Gelangen strauchige und holzige Pflanzen aus weniger günstigen Climaten in diese Regionen, so nehmen sie allmählich die Form der echten Tropenflanzen an d. h. sie blühen und fruchten ohne Unterlass; so sind nach Junghuhn in den feuchten Regionen von Java Pfirsiche (und auch Erdbeeren) das ganze Jahr über mit Blüten und Früchten bedeckt und die Rebe trägt nach Humboldt in

Cumana ununterbrochen Früchte, ebenso nach Harnier in Chartum.[9]

Unsere periodisch laubtragenden Bäume und Sträucher werden in den Tropen immergrün.[9]

Die perennirenden Kräuter wandeln sich daselbst fast immer in Sträucher um; und selbst annuelle Gewächse verholzen dort, wie z. B. auf Bourbon genauer beobachtet worden ist, so Reseda und Levkojen. Es wird diese Verholzung hervorgerufen und begünstigt durch die starke Einwirkung des Lichtes.[9]

Wenn krautige Pflanzen unter starker Lichteinwirkung perennirend werden, so müssen umgekehrt perennirende Pflanzen in Regionen mit geringer Lichteinwirkung krautig werden, oder wenigstens viel weniger Lignin bilden. Das ist thatsächlich der Fall. „In unseren Gärten sind eine Reihe von langlebigen polycarpischen Gewächsen wärmerer Gegenden z. B. Ricinus, Maurandia, Caiophora verwildert und variiren daselbst wie Annuelle, indem sie jährlich ihre Samen reifen, dann vom Froste zerstört werden und nun im Frühjahr von neuem aufgehen und es zur Samenreife bringen. Durch diese Verhältnisse gelten in der That viele Pflanzen für einjährig, welche in ihrer warmen Heimat mehrjährige Stauden oder Holzgewächse sind.“ Das Absterben dieser Pflanzen ist eine Folge geringer Verholzung (siehe Cap. Lebensdauer).

Es bleiben etiolirende Pflanzen stets krautig; ihre Gefässwandungen sind dünn und zeigen nur sehr geringe Verdickungsschichten.

Auch die submersen Wasserpflanzen, Thallophyten sowohl wie Cormophyten (bei Ceratophyllum, Myriophyllum, Hydrilleen u. s. w. ist das Gewebe der Stränge zarter und weicher als das ihrer Umgebung[10] bilden entweder gar kein Lignin oder nur Spuren davon.

Für den Satz, dass krautige Pflanzen unter starker Lichteinwirkung verholzen müssen, spricht endlich folgende theoretische Betrachtung: Diejenigen Stoffe, welche wir als Lignin und Cutin bezeichnen sind Kohlenhydrate; sie können daher nur unter directer Einwirkung des Lichtes entstehen und es ist leicht einzusehen, dass unter starker Lichteinwirkung eine reichere Ausbildung derselben erfolgen muss, als unter Lichtmangel.

Diejenigen Pflanzen, welche zwar viel Wärme und Licht, aber nur mit Unterbrechungen das zu ihrer Entwicklung notwendige Wasser erhalten, die echten Wüsten-, Steppen- und Sandpflanzen erscheinen auf ihren Standorten in drei characteristischen Formationen als Haar- und Dornflora, als succulente Pflanzen und als Wurzelstockgewächse. Besonders instructiv ist das Erscheinen dieser Pflanzenformation an vielen Orten der Hochalpen. „Die verdünnte Luft der höheren Regionen, die heftigen Luftströmungen, welche über die Alpenjöcher fegen und der langandauernde Sonnenschein auf den Kuppen und Rücken begünstigen ausserordentlich die Verdunstung des Bodenwassers, daher trocknet bei heftigen Süd- und Ostwinden an warmen sonnigen Sommertagen die Pflanzendecke so sehr aus, dass man beim Ueberschreiten der mit Azalea procumbenz, Carex curvula und firma überkleideten Alpenregionen bei jedem Tritte ein Knirschen in der scheinbar ganz ausgedörrten Vegetationsdecke hören kann. Solche trocknen Perioden dauern höchstens einige Tage, dann trieft die Pflanze schon wieder von atmosphärischen Niederschlägen. Diesen Boden überziehen immergrüne Gewächse mit starrem, lederigem Laube, fettleibige Semperviven, weissfilziges Leontopodium, grauhaarige Artemisien und mit diesen die andern in weissen und grauen Filz gehüllten Alpenpflanzen, während in den windgeschützten d. h. nicht austrocknenden Tälern Gewächse mit zartem, kahlem Laube allein herrschend sind.[11]

Alle echten Wüsten-, Steppen- und Sandpflanzen zeigen ohne Ausnahme ein periodisches Wachstum. Durch die intensive Wirkung des Lichtes wird zur Zeit der beginnenden Trockenheit in grösserer Menge als je der durch die Zersetzung der Kohlensäure gewonnene Kohlenstoff, zugleich mit den spärlich der Pflanze zugeführten Bodennährstoffen in seine festen Verbindungen als Stärke, Cellulose u. s. w. übergeführt und in den Zellen niedergelegt. Bei der geringen Flüssigkeitsmenge, welche während dieser Zeit der Pflanze zur Verfügung steht, ist an ein Flüssigmachen der festen Baustoffe nicht zu denken und somit der Stoffwechsel unmöglich. Tritt alsdann grössere Feuchtigkeit ein, so beginnt der Stoffwechsel in rapider Weise, dann bedeckt sich der Boden der Steppen in wenigen Tagen mit einem unendlichen Reichtum farbenprächtiger, gewaltiger Blüten und dem saftigsten Grün. Sobald jedoch das niedergefallene Wasser verdunstet ist, hört die Entwicklung eben so plötzlich auf.

Es ist nun zu untersuchen, ob die ebenerwähnten, ihren Nährstoffgebieten so vorzüglich angepassten Pflanzenformationen äussern Agentien oder innern Ursachen ihre Entstehung verdanken.

Die Haare sind Producte der Epidermis, sie entstehen durch Auswachsen und Teilung einzelner Epidermiszellen, und zwar nicht nur aus dem Urmeristem des Vegetationspunktes, aus jungen Blättern und Seitensprossen, sondern auch auf viel älteren Teilen, deren Gewebesysteme schon weiter differenzirt, aber noch in intercalarem Wachstum begriffen sind, weil in solchen Fällen die Epidermis noch lange bildungsfähig bleibt z. B. Spaltöffnungen erzeugt und Zellteilungen stattfinden lässt. Die Haare sind meist von kurzer Lebensdauer, verlieren bald ihren Zellinhalt, schrumpfen alsdann zusammen und verschwinden nach dem Absterben bis auf die letzte Spur.[12]

Die Stärke der Behaarung ist bei allen Pflanzenarten ungemein variabel; bei ein und derselben Art findet man stets mehr oder weniger stark behaarte Exemplare und selbst dort, wo die Behaarung als wesentliches Artmerkmal angegeben wird, ist sie durchaus nicht constant. Nähere Untersuchungen haben festgestellt, dass die Pflanzen derselben Art, sobald sie auf feuchtm Boden gedeihen, wenig oder gar keine Haare bilden, dagegen auf trockenem Boden haarig erscheinen. So citirt Moquin-Tandon[13] Beobachtungen Linné's, dass der Vogelknöterich (Polygonum Persicaria *L.*) an Wasserrändern ganz kahl, an trockenen Stellen mit Haaren besetzt erscheint; unser Feldquendel (Thymus Serphyllum) verliert am Meeresstrande seine Kahlheit und erhält einen kurzen haarigen Ueberzug. Unser Türkenbund (Lilium Martagon *L.*), der längere Zeit im Garten cultivirt wurde, ist kahl; wenn er auf schlechtern Boden kommt, wird er wieder behaart, wie die wilde Pflanze. Solche Erscheinungen lassen sich bei andern Gartenpflanzen beobachten, die durch Selbst-Aussaat auf sandigen Feldstellen sich entwickeln und liefert jede Localflora in Menge.

Es bestätigen diese Beispiele das von Treviranus[14] aufgestellte Gesetz, welches lautet: „Ein nasser Boden bringt glatte gefirniste, ein dürrer rauhe Stengel und Blätter hervor."

Aber nicht Wassermangel ist es, welcher die Haarbildung veranlasst, sondern der auf Wassermangel folgende Wasserüberfluss. Während des, auf Sandboden wegen dessen geringer Wassercapacität ziemlich häufigen Wassermangels wird die Entwicklung der Vegetationsorgane der Pflanzen gehemmt und alles organische Material als Reservestoff in den Zellen abgelagert. Plötzliche atmosphärische Niederschläge bewirken eine plötzliche Lösung der Reservestoffe, die Pflanze hat Nährstoffüberfluss. In Folge dessen erwacht in all' ihren Zellen der Trieb zur Neubildung, auch die Epidermiszellen empfangen solche Anregung, teilen sich, und damit ist das Haar gebildet. — Wie stark übrigens der Trieb zur Neubildung ist, zeigt am besten die ziemlich häufige Erscheinung, dass die äussern Zellschichten eines Organes dem rapiden Ausdehnungsbestreben der innern nicht folgen können und daher auseinandergesprengt werden; nach starkem Regen zerplatzt oft die Eichenrinde, reissen die Wurzelstöcke der Mohrrüben und Petersilien und springen üppige Rapsstengel kurz vor der Blütezeit.[15]

„In dem milden Winter bei Görz, wo die Temperatur selten unter 0° sinkt, oft aber bis + 15° steigt, bedeckt sich Senecio vulgaris nach längerer, trockener Kälte mit einem dichten Filze von spinnewebartigen Haaren.[16] Die trockene Kälte erstarrt die Pflanze sammt dem Boden, das Aufsteigen der Bodenfeuchtigkeit sowie der Saftumlauf hören auf, während die Verdunstung der Pflanze fortdauert, was namentlich bei vom Boden am meisten entfernten Teilen derselben bei trockener bewegter Luft ein völliges Austrocknen zur Folge hat.“ Dadurch wird der Zellsaft concentrirt; erhält nun die Pflanze reiche Wasser- und Nährstoffzufuhr aus dem Boden, so sind die Bedingungen zur Haarbildung gegeben.

Einen zweiten sehr instructiven Beweis dafür, dass Nährstoffüberfluss Haarbildung verursacht, liefern die Blütenstiele des Perrückenbaumes (Rhus Cotinus).[17] Diese sind vor der Blüte und wenn Fruchtbildung eintritt, kaum behaart, wenn dagegen die Früchte sich nicht ausbilden, werden die unfruchtbaren Blütenstiele länger und es kommen zahlreiche, lange, violette Haare an ihnen zum Vorschein. Die Erklärung dieser Erscheinung ist sehr einfach: die Vegetationsorgane führen den Blüten eine Menge assimilirter Producte zu, dieses geschieht auch dann, wenn die Früchte unreif abfallen, die Stoffe sammeln sich in Folge dessen in den Blütenstielen an, reizen die Zellen derselben zu Neubildungen und führen so die starke Haarbildung herbei. Offenbar ist es dieselbe Ursache, welche bewirkt, dass die Staubfäden der dreimännigen Winde[18] und mehrerer Verbascumarten sich mit dicken Wollhaaren bedecken, wenn die Staubbeutel verkümmern.

Jetzt verstehen wir auch, weshalb die Kelche und selbst die Blütenblätter vieler Pflanzen mit Haaren bedeckt sind; weshalb gerade in vielen Knospen Wollhaare entstehen, die ein auffallend rasches Wachstum haben und oft lange vor der Entfaltung der Knospenteile fertig gebildet sind.

Auch das häufige Auftreten der Haare als Sekretionsorgane hängt mit Nahrungsüberfluss zusammen: als solche Sekretionsorgane gelten vor allem die Drüsenhaare, die hauptsächlich in den Laubknospen vieler Bäume, Stauden und Kräuter und auf Kelchen und Blütenstielen d. h. an solchen Orten angetroffen werden, welche massenhaften Nährstoffzufluss haben. —

Die Dornen sind verkümmerte Zweige, bei denen entweder von Anfang an die Laubblätter iu der Entwicklung unterdrückt (Gleditschia ferox) oder erst später abgeworfen werden (Prunus spinosa).[19] Manche Forscher haben die Dornbildung auf Mangel an Nahrungsmitteln zurückgeführt, indem sie von der Beobachtung ausgingen, dass die Dornflora meistens Sandboden bewohnt; es ist ihr Vorkommen jedoch nicht ausschliesslich auf Sandboden beschränkt, Kuntze erwähnt, dass in Java auf fruchtbarem Boden Dornbildung gemein ist.[20] Wassermangel ist die Hauptursache ihrer Entstehung. Das nach längerer Trockenheit der Pflanze zuströmende Wasser treibt alle, selbst die schlafenden Knospen zur Entwicklung, der jedoch ebenso schnell wieder eintretende, durch die Wärme bedingte Wassermangel lässt viele Zweige nicht zur Entwicklung gelangen, dieselben stossen die Blätter ab und verholzen. Es müssen daher die Dornpflanzen, sobald sie in beständig feuchtem Boden gedeihen, die Dornen verlieren; das ist allerdings der Fall. Ononis repens[21] wächst auf sandigen Triften, trockenen Wiesen und leichtem Boden, die Aeste sind an der Spitze dornig, ändert ab O. mitis Gmel. (als Art) ganz dornenlos (Beschaffenheit des Standortes leider nicht angegeben). — Ononis hircina, welches aus O. repens hervorgegangen ist, wächst auf fettem Lehmboden. Der Lehmboden besitzt aber eine bedeutend stärkere wasserhaltende Kraft als der Sandboden; die Entstehung der dornlosen Pflanze aus der dornigen ist damit erklärt. Bemerkenswert ist hiebei noch folgendes: Ononis hircina besitzt in Folge der Ausbildung der bei O. repens zu Dornen werdenden Aeste üppigere Assimilationsorgane als ihre Stammform. Da bei diesen Pflanzen die Reproductionsorgane direct aus den Vegetationsorganen ihre Bildungsstoffe beziehen, ist es nicht weiter wunderbar, dass O. h. eine weit zahlreichere Blütenentwicklung zeigt als O. r.

Genista germanica findet man nicht selten in einzelnen Exemplaren dornlos.

Anderseits ist die Umbildung zu dornlosen Pflanzen nicht immer an einem Individuum verfolgbar, es sind oft mehrere Generationen dazu nötig. Gute Beispiele liefern die Pomaceen[22], unter ihnen namentlich die Birnen. Es sind hier die Wildlinge mit Dornen versehen, behalten dieselben anfangs auch bei, wenn sie in Ackerland gezogen werden, verlieren sie aber unter Cultur. Dasselbe Verhalten zeigen die Prunus-Arten. Prunus spinosa, die Stammform unserer Hauspflaume, ist ein dorniger Strauch, die ihr ähnliche, in Gärten angepflanzte und bei denselben verwildernde Prunus insititia *L.* ist schon weniger dornig; die cultivirte Prunus domestica ist dornlos.

Alle diese Pflanzen gelangen bei der Cultur in humusreichen Ackerboden, welcher bekanntlich nicht nur sehr reich an Nährstoffen ist, sondern auch die grösste wasserhaltende Kraft besitzt, sodass eine Unterbrechung des Vegetationsprocesses nicht stattfinden kann; ausserdem helfen die Gärtner durch Begiessen nach. Die reiche Blattbildung befähigt diese Culturpflanzen, eine grössere Menge von Reservestoffen zu bilden, diese werden den Reproductionsorganen zugeführt und zur Fruchtbildung verwendet, daher die grossen Früchte der Obstbäume.

Desselben Ursprungs wie die Astdornen sind die Blattdornne oder Stacheln, mögen sie als völlig metamorphosirte Blätter oder als Teile derselben auftreten. Sie finden sich bei einigen Ribesarten, Disteln, Ulex, Centaurea, Eryngium u. s. w. Auch ihre Ausbildung schwankt mit dem Wassergehalt des Bodens, das zeigt besonders deutlich Cirsium arvense,[23] welche nicht nur auf Acker- und Gartenland, sondern auch auf wüsten und sandigen Plätzen zu finden ist. Die Normalform besitzt buchtig fiederspaltige, am Rande dornige und stachelig - gewimperte Blätter. Sie variirt jedoch mit nur stachelig-gewimperten, am Rande nicht dornigen, dabei ganzrandigen oder buchtig-gezähnten, nicht fiederspaltigen Blättern: C. setosum M. Bieberst; und mit tief-fiederspaltigen, wellenförmig-krausen, stark-dornigen Blättern (C. horridum).

Ribes grossularia auf trockenen Hügeln ist stark dornig, Ribes grossularia cultivirt ist dornlos, verwildert wieder dornig.

Hieher gehören ihrer Bildung nach die zu Stacheln verkümmerten Blätter vieler Wüstenpflanzen (Cacteen, Euphorbien) und die stachelspitzigen Gräser.

Es verdanken also die Haar- und Dornfloren nicht inneren, sondern äusseren Ursachen ihre Entstehung. —

Die zweite Formation derjenigen Pflanzen, welche viel Licht, viel Wärme jedoch nur periodenweise Wasser erhalten, wird gebildet durch die Wurzelstockgewächse. Die Wurzelstockgewächse sind fast ohne Ausnahme Pflanzen eines lockeren Bodens, deren Lebensprocess durch eine lange Ruheperiode unterbrochen wird (zweijährige Gewächse), meistens bewirkt Wärmeüberschuss diesen Stillstand in der Entwicklung so in den Steppen; in unserem gemässigten Clima erzeugt Wärmemangel eine ähnliche Ruhepause.

Den besten Beweis für die Entstehung der Wurzelstockgewächse liefert die Kartoffel. Es ist eine allbekannte Thatsache, dass die Kartoffelpflanzen auf sandigem Boden bessere Erträge geben als auf lehmigem; im ersteren Falle sind die Assimilationsorgane meistens gering, die Knollen gross und stärkereich, auf lehmigem Boden tritt das umgekehrte Verhältnis ein, hier sind die Vegetationsorgane meistens gross, die Knollen klein oder stärkearm — obgleich ein solcher Boden entschieden fruchtbarer ist, als ein sandiger. Erhält die Pflanze auf lehmigem Boden viel Regen zur Zeit des Knollenansatzes, sodass sie beständig im Feuchten steht und dadurch die Lichtwirkung eine geringere, die Nährstoffzufuhr aus dem Boden und die Wärmewirkung eine grössere wird, dann setzt die Pflanze gar keine Knollen an, das heisst, sie lagert keine Stoffe als Reservestoffe ab, sondern verwendet sie direct zur Bildung von Vegetationsorganen: sie wird zu einer annuellen, durch Samen sich fortpflanzenden Staude.[24] Es ist mithin der Ueberfluss an Wasser, welcher die Knollenbildung verhindert; und der Grund, weshalb selbst in trockenen Jahren der Lehmboden geringeren Knollenertrag gewährt, liegt in dessen grosser. wasserhaltenden Kraft.

Damit ist bewiesen, dass die Knolle der Kartoffel das Product der Einwirkung von viel Licht, viel Wärme und wenig Wasser ist.

Dass anderseits der Mangel an Wasser die Ausreifung der Wurzelstöcke im allgemeinen sehr begünstigen kann, zeigen unsere Zuckerrüben, Kohlrabi, Mohrrüben, Sellerie u. s. w. Bei diesen Pflanzen werden gewöhnlich die Assimilationsproducte im ersten Jahre niedergelegt, im zweiten verarbeitet. Der Reservestoffbehälter geht einem allmählichen Reifezustand entgegen.

Dieser Reifezustand wird in trockenen Jahren viel schneller herbeigeführt, weil durch die Menge der assimilirten und nicht verwendbaren Stoffe die Verdickung der Zellmembranen begünstigt, die Dehnbarkeit derselben vermindert wird. Wenn nun eine plötzliche Wasserzufuhr die Vegetation zu neuer Energie anregt, kann das äussere Gewebe dem schnellen Ausdehnungsbestreben des inneren Parenchyms nicht folgen, da aber die Reservestoffe Verarbeitung fordern, werden sie zur Blütenbildung benutzt, und es werden so aus den zweijährigen, wurzelstocktreibenden einjährige, wurzelstocklose Gewächse.

Wiederum ein Beweis für die Abhängigkeit der Wurzelstockpflanzen vom Bodenwasser.

Uebrigens fällt es nicht schwer, aus zweijährigen Gewächsen durch Cultur Wurzelstockgewächse zu erziehen, da viele unserer Gemüsepflanzen, Mohrrüben, Pastinake, Zuckerrüben, auf solche Art entstanden sind, ausserdem viele wildwachsende Pflanzen beim Uebergang in Cultur auffällige Verdickung ihrer Wurzeln zeigen, so viele Oxalis-Arten auf Gartenland.

Es sind mithin die Wurzelstöcke nicht aus inneren Ursachen entstanden.

Leider ist über die Entstehung der dritten Formation dieses Nährstoffgebietes, über die succulenten Pflanzen, so gut wie nichts bekannt; jedoch scheint mir die Fasciation, eine bei den verschiedensten Pflanzenarten ziemlich häufig auftretende Veränderung des Stengelorganes, einen vorzüglichen Einblick in die Entstehung der succulenten Stengelorgane der Wüstenpflanzen (Cacteen) zu gewähren. Fasciation tritt gewöhnlich bei krautigen Pflanzen ein, wenn dieselben längere Zeit der Trockenheit ausgesetzt waren und dadurch ihre Scheitelzelle vernichtet wurde.[25] Bei fasciirenden Pflanzen ist das gewöhnlich cylindrische, runde Stengelorgan breit bandartig ausgebildet. Die Blätter sind normal, aber in ihren Stellungsverhältnissen meist verschoben. Es erscheinen in Folge des mit dem Wasserüberfluss eintretenden Nahrungsüberflusses an Stelle des bei cylindrischen Trieben einzeln auftretenden Vegetationspunktes zwei oder mehrere derselben. Die Verbänderung setzt sich in der Regel im nächsten Jahre fort und lässt sich sogar durch Samen fortpflanzen, z. B. bei Celosia cristata. — Man kennt bereits mehr als 150 fasciirende Pflanzen.

Denken wir uns einen solchen verbänderten Stengel mit Blattdornen versehen, so ist eine grosse Aehnlichkeit mit succulenten Stengelorganen unverkennbar.

Dass wirklich nicht innere Ursachen, sondern die gleichen Lebensbedingungen die Succulenz hervorgerufen haben, lehrt das analoge Verhalten von Pflanzen der verschiedensten Familien, sobald sie nebeneinander zu leben gezwungen sind. Es besitzen nämlich die Cacteen und Euphorbien Marocco's in Form und Gestalt eine so grosse Aehnlichkeit, dass man auf die Vermutung kommen könnte, es habe die eine Pflanzenart die Form der anderen nachgeahmt.

Erwähnt mag hier noch werden, dass auch die Verlaubung und Proliferation auf plötzlichen Nährstoffüberfluss nach längerer Ruhepause zurückzuführen ist. Wichtig für die Entstehung neuer Arten ist nur die Form der Proliferation, welche man als Füllung der Blüten bezeichnet und die besonders häufig bei Pflanzen auftritt, welche in Cultur genommen werden. Die Beobachtung, dass die Füllung der Blüten besonders bei dichtstehenden Pflanzen eintritt,[26] ist ein Beweis dafür, dass Wassermangel die Anregung zur Füllung giebt, denn ein dicht mit Pflanzen bestandener Boden verdunstet wegen der beträchtlichen Transpiration von Wasserdampf durch die oberirdischen Pflanzenorgane mehr Wasser als ein anderer.[27]

Die Erscheinung, dass gerade bei Culturpflanzen Proliferation besonders häufig auftritt, hat in folgendem seinen Grund: es bedarf jede Pflanze zur Bildung ihrer Substanz neben der Kohlensäure einer ganz bestimmten Menge von Bodennährstoffen. Diese werden den Culturpflanzen sehr reichlich zugeführt: es werden daher die Culturpflanzen viel leichter Nährstoffüberfluss erhalten, als andere Pflanzen, und daher auch leichter Proliferation und Fasciation zeigen als andere.

Ueber die Veränderungsfähigkeit der Laubblätter bei Einwirkung von Licht und Schatten hat E. Stahl[28] neuerdings wichtige Untersuchungen veröffentlicht, deren Resultate hier eine Stelle finden müssen.

„Das Assimilationsparenchym der Blätter der meisten Pflanzen besteht aus zwei verschiedenen Zelltypen. Die einen Zellen sind mit ihrem grössten Längsdurchmesser senkrecht zur Blattfläche orientirt und bilden das bekannte Palissadenparenchym; die anderen, von den übrigen verschiedener Gestalt, haben die gemeinsame Eigenschaft, in der Richtung der Blattfläche ihre grösste Ausdehnung zu zeigen. Im Gegensatze zu den Palissadenzellen ist also bei diesen flachen Schwammparenchymzellen der zur Blattfläche senkrechte Durchmesser der geringste.

„Die Palissaden nehmen immer diejenigen Blattpartien ein, welche unmittelbar vom Lichte getroffen werden; die flachen Schwammzellen befinden sich in ihrem Schatten.

„Die Structur der Laubblätter der meisten Pflanzen weist nun je nach dem sonnigen oder schattigen Standorte, welchem sie entnommen sind, sehr erhebliche Verschiedenheiten auf. Im Sonnenblatte der Buche z. B. ist beinahe sämmtliches Assimilationsparenchym als Palissadengewebe ausgebildet. An die Epidermis der Blattoberseite grenzt zunächst eine Schicht äusserst enger und hoher Palissadenzellen; es folgen weiter nach innen noch eine oder zwei Lagen ähnlicher Zellen. In Blättern, welche an sehr sonnigen Orten zur Entwicklung gelangt sind und deren Spreiten nicht horizontal, sondern schief aufstrebend orientirt sind, finden wir das Palissadengewebe auch auf der Unterseite entwickelt.

„Das Schattenblatt besteht dagegen ganz vorwiegend aus flachen Sternzellen, die mit ihren verlängerten Armen verbunden sind. Die Zellen der obersten Zellschichten allein zeigen eine an die der Palissadenzellen annähernde Form: sie sind zu trichterartigen Zellen ausgebildet, sodass die Structur dieser Blätter derjenigen echter Schattenpflanzen, wie Oxalis, gleichkommt.

„Es mag hier noch gleich erwähnt werden, dass mit dem Zurücktreten des Palissadengewebes und der Ausbildung des Schwammparenchyms die Vergrösserung der Intercellularräume Hand in Hand geht. Bei der Brennnessel beträgt im Sonnenblatte die Grösse der Intercellularräume nur ein Fünftel des Gesammtvolumens; im Schattenblatt ist beinahe ein Drittel desselben von Lufträumen eingenommen.

„Auch die Epidermis wird durch die verschiedene Beleuchtung verändert. Bei Ficus stipulata besteht im Schattenblatt die einschichtige Epidermis der Blattoberseite aus niedrigen tafelförmigen Zellen. Im Sonnenblatt ist die mächtige Oberhaut an vielen Stellen zweischichtig; wo die Epidermiszellen ungeteilt sind, zeigen sie eine beträchtliche Höhe und dabei sind ihre Häute viel dicker, was überhaupt von sämmtlichen Zellwänden des Sonnenblattes gilt.

„Der Epidermis schliesst sich das Hypoderm an. In den Blättern von Ilex Aquifolium, die sich in vollem Lichtgenuss entwickelt haben, liegt unter der Epidermis der Blattoberseite eine ununterbrochene Schicht von wasserhellen Hypodermzellen — gewissermassen eine Verstärkung der Epidermis. Bei Schattenblättern ist dieses Hypoderm nur in der Nähe der Mittelrippe, der stärkeren Nebenrippen und des Blattrandes ausgebildet; auf der übrigen Blattfläche grenzen die Palissadenzellen direct an die Oberhautzellen. Je nach den Beleuchtungsbedingungen geht also aus denselben Meristemzellen Assimilationsparenchym oder Hypoderm hervor.

„Das Wassergewebe ist also an sonnigen Standorten viel mächtiger entwickelt als im Schatten.“

Besonders wichtig ist der Nachweis, dass das Licht auch auf die Grösse und Dicke der Blätter Einfluss hat. „Die Sonnenblätter sind stets kleiner wie die Schattenblätter, vorausgesetzt, dass die letzteren nicht etioliren. Dagegen nimmt die Dicke der Blätter gerade auf sonnigen Plätzen zu, auf schattigen ab. Beträchtliche Grössenschwankungen kommen unter anderen beim Hollunder vor, wo bei dem Schattenblatte das Endblättchen dasjenige der Sonnenform um das Vierfache übertrifft.

„Bei Sonnenblättern der Buche beträgt die Dicke das Dreifache derjenigen des Schattenblattes.

„Je intensiver die Bestrahlung, desto mehr nimmt die Blattgrösse ab, die Blattdicke zu.

„Damit ändert sich in vielen Fällen nicht nur die Breite und Dicke des Blattes, sondern auch die Gestalt des Querschnittes in mehr oder weniger erheblichem Masse, so nehmen die Blätter von Sedum dasyphyllum und anderen Arten an schattigen Orten, indem sie zugleich grösser werden, eine flache Gestalt an.“

Welche Ursachen bewirken nun die Umwandlung des Blattes in Sonnen- und Schattenform? Stahl sagt darüber folgendes:

„Während der Entfaltung des Schattenblattes wird dasselbe von gemässigtem Lichte getroffen. Das Längenwachstum der Nerven wird hier in geringerem Masse verlangsamt und hört wahrscheinlich auch später auf als in dem besonnten Blatte (weil die reducirende Wirkung des Lichtes fehlt. Verf.). Das jugendliche Assimilationsparenchym wird veranlasst, sich in der Richtung der Blattfläche auszudehnen, die Zellen werden zu flachen, vielarmigen Sternzellen, mit Ausnahme derjenigen der obersten Lage, welche sich zu Trichterzellen ausbilden, die seitlich zwischen sich grosse Lücken lassen. In den Schattenblättern erreichen daher auch die gefässbündelfreien Areolen den grössten Umfang.

Anders gestalten sich die Verhältnisse im Sonnenblatt. Durch das intensive Licht wird die Ausdehnung der activen Teile verlangsamt und früher sistirt: Dies geht schon aus der geringeren Grösse hervor, welche caeteris paribus die Blätter und Areolen an sonnigen Orten erreichen. Die Ausdehnung der jungen Assimilationszellen in der Richtung der Blattfläche wird früher aufhören, und da sie sich noch auszudehnen bestreben, werden sie dies in der einzig möglichen Richtung thun, das heisst senkrecht zur Blattfläche: sie nehmen die Gestalt von Palissadenzellen an.“

Es wird mithin die Structur der Sonnen- und Schattenblätter nicht durch innere, sondern äussere Ursachen hervorgerufen.

Verweilen wir ein wenig bei den gefundenen Resultaten: Also im Sonnenlichte nimmt die Grösse der Blätter ab, die Dicke derselben zu, und vergrössert sich das Wassergewebe bedeutend. Fragen wir nun: was wird geschehen, wenn die Pflanzen auf noch sonnigeren Standort gelangen und dort durch Generationen zu leben gezwungen sind? Es wird natürlicherweise die Grösse der Blätter noch mehr abnehmen, deren Dicke beträchtlicher werden und das Wassergewebe wird sich immer stärker ausbilden. Es werden damit zugleich die Pflanzen mehr und mehr die Fähigkeit verlieren, Schattenblätter zu bilden. — Es werden dann endlich Pflanzen entstanden sein, deren Blätter im Verhältnis zu ihrer geringen Grösse sehr bedeutende Dicke und ein mächtiges Wassergewebe besitzen — d. h. Pflanzen mit succulenten Blättern, wie sie auf sonnigem Boden so häufig gefunden werden.

Auf der anderen Seite werden aus Pflanzen mit normalen Blättern, falls sie durch viele Generationen gezwungen sind, im Schatten zu leben, solche mit echten Schattenblättern entstehen.

Es sind mithin die characteristischen Sonnen- und Schattenblätter nicht aus inneren, sondern äusseren Ursachen entstanden.

Einen ähnlichen Unterschied wie bei Laubpflanzen zwischen Sonnen- und Schattenblättern findet man bei den Gräsern in der Ausbildung von Wiesen- und Steppengrasblättern.[29]

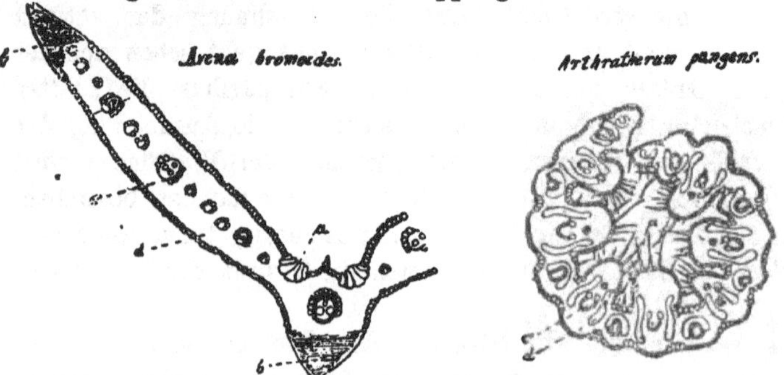

a Gelenkzellen. b: mechanisches Gewebe. c: Gefässbündel. d Assimilationsparenchym. bei Arthratherum bis auf die mit d bezeichneten Stellen durch das mechanische Gewebe beschränkt.

Bei allen Gräsern ist der anatomische Bau der Blätter, trotz sehr grosser Verschiedenheit im einzelnen, in seinen Grundzügen derselbe. Die flache Lamina besitzt eine morphologisch differenzirte Ober- und Unterseite, sie ist ihrer Länge nach von einer Anzahl parallel in einer Ebene liegender Fibrovasalbündel durchzogen, die meistens verschiedene Grösse besitzen und dann als primäre, secundäre und tertiäre Gefässe bezeichnet werden; gewöhnlich sind die letzteren zwischen die ersteren eingestreut. Um die Gefässe lagert sich das Mesophyll und die Epidermis.

Man kann im allgemeinen zwei Formen des anatomischen Baues der Grasblätter unterscheiden, von denen die eine den Wiesengräsern, die andere den Steppengräsern eigentümlich ist. Als Wiesengräser werden alle diejenigen bezeichnet, welche ihre Lamina bei eintretender Trockenheit nicht einzurollen vermögen. auch sonst keine Schutzeinrichtungen gegen Wassermangel besitzen und meist Bewohner relativ feuchter Standorte sind. — Steppengräser sind solche, welche einrollbare Blätter besitzen oder wenigstens Einrichtungen zum Schutze gegen grosse Verdunstung aufweisen.

Die Blätter der Wiesengräser, die, wie oben erwähnt worden, nicht einrollbar sind, besitzen meist eine sehr einfache Structur. Ihre Fibrovasalen liegen eingebettet in das lockere Parenchym, zuweilen ist die mittlere von ihnen grösser als die anderen und bildet dann auf der Unterseite einen vorspringenden Streifen. die Mittelrippe. Die Zellen der Epidermis sind meistens von gleicher Gestalt.

Die Structur der niedrigsten Steppengrasblätter unterscheidet sich in nichts von derjenigen der Wiesengräser. Sie sind durch Uebergangsformen völlig mit einander verbunden. Eine solche ist Oryza clandestina, eine an feuchten Orten, ja am liebsten im Wasser wachsende Pflanze mit ausgebreiteter Lamina und kaum differenzirter Oberseite; sie rollt sich jedoch in der Trockenheit schnell zusammen.

Der typische Bau der Steppengräser zeigt eine stärkere Entwicklung der Fibrovasalen gegenüber dem Parenchym. Diese markiren sich in Folge dessen auf der Oberseite des Blattes als vorspringende Streifen. Anfänglich treten nur die primären Bündel hervor, zwischen denen sich alsdann flache Rinnen hinziehen. Vilfa capensis zeigt diese Streifenbildung in den ersten Anfängen. Bei weiterer Ausbildung nehmen die primären Fibrovasen immer grössere Formen an, die Rinnen zwischen ihnen werden zu tiefen Furchen (Stipa gigantea, St. splendens, St. altaica, Spartina stricta, Tragus racemosus); noch intensiver ist diese Furchung bei Festuca glauca, F. heterophylla und Glyceria festucaeformis. Bei den am vollständigsten ausgebildeten Steppengräsern treten nicht nur die primären, sondern auch die secundären und selbst die tertiären Gefässe stärker hervor, und diese bilden dann in den tiefen Furchen der primären Fibrovasalen kleinere Erhebungen und Furchungen: eine Einrichtung, die das Blatt befähigt, sich völlig einzurollen (Macrochloa tenacissima, Aristida pungens, Triodia pungens).

Ausser dieser characteristischen Furchung durch die Fibrovasalen weisen die echten Steppengräser Zellgruppen auf, welche den Wiesengräsern und Uebergangsgräsern völlig fehlen oder bei ihnen gleichsam nur angedeutet sind: die Gelenkzellen nämlich und das mechanische Gewebe.

Die Gelenkzellen sind eigentümlich gestaltete Zellen der Epidermis. Sie erscheinen bei allen Blättern, welche die Fähigkeit besitzen, sich zusammenzufalten und einzurollen, und zwar an denjenigen Stellen, an welchen die Beugung bei der Zusammenrollung erfolgt. Sie sind dünnwandig, die äussere Schicht ist gegen die umgebende Luft durch starke Cuticularisirung geschützt; sie besitzen kein Chlorophyll und führen nur reinen Zellsaft. Ihre Anzahl nimmt mit der Menge der Beugungsstellen zu. Auch bezeichnen sie diejenigen Stellen, an welchen das Blatt in der Knospenlage eingeknickt war.

Das mechanische Gewebe fehlt allen Wiesengräsern und auch den niedrigsten Steppengräsern, tritt dann aber immer massenhafter auf, indem es das Parenchym verdrängt.

Es besteht aus kleinen, sehr eng ohne Intercellularräume aneinander liegenden Zellen mit farblosen, im Alter sehr verdickten Wandungen. Chamagrostis minima zeigt es in seinen ersten Anfängen, wo es kaum eine Zellreihe bildet, dann folgt Avena bromoides, Sesleria caerulea, Dactylis glomerata. Hier bildet es eine Gruppe unter der Mittelrippe und an den Rändern der Lamina. Bei Festuca ovina, rubra u. s. w. zeigt es sich nicht nur an den eben erwähnten Stellen, sondern auch auf der Blattunterseite. Es tritt endlich bei den mit starken Fibrovasalbündeln versehenen echten Steppengräsern zugleich auf der Ober- und Unterseite auf, und zwar liegt es gewöhnlich über dem Kopfe der Fibrovasalen und unterseits zwischen den einzelnen Gefässen. Von hier dehnt es sich mehr und mehr unter verschiedenen Gestalten aus. In seinen ausgeprägtesten Formen hat es das assimilirende Gewebe fast gänzlich verdrängt, als ein schmaler, halbmondförmiger Streifen zieht sich dieses alsdann, oft nur einzellig, an den Fibrovasalen entlang.

Form und Ausbildung des mechanischen Gewebes sind jedoch selbst bei den einzelnen Arten nicht absolut constant.. Sie schwanken mit der Trockenheit und Beleuchtung ihrer Umgebung.[30] So besitzen die Exemplare von Festuca glauca und F. ovina, welche auf sehr trockenen Abhängen wachsen, stärkere und mehr dickwandige Zellen in ihrem mechanischen Gewebe als Exemplare derselben Art an schattigen Stellen. Selbst in ein und demselben Garten haben die einer schattigen und bewässerten Stelle entnommenen Blätter in ihren mechanischen Zellgruppen ein oder zwei Schichten weniger als diejenigen auf sehr trockenen oder intensiv der Sonne ausgesetzten Plätzen. Stipa pennata im Jardin des plantes zu Montpellier in einem feuchten Boden und unter grossen Bäumen erzogen, hatte Zellgruppen, die fast um die Hälfte kleiner waren, als diejenigen ihrer Stammform, welche auf trockenen Abhängen wuchs.

Der Mechanismus des Einrollens liegt bei denjenigen Steppengräsern, welche kein mechanisches Zellgewebe, sondern nur Gelenkzellen haben, in den letzteren und dem Turgor des Parenchyms. Beweise dafür liefert die Beobachtung, dass die Blätter nach der Abtödtung des Parenchyms keine Bewegungserscheinung mehr zeigen. Bei denjenigen Blättern, die mechanische Zellgruppen besitzen, liegt der Mechanismus in den Gelenkzellen und in dem mechanischen Gewebe, denn auch nach Abtödtung des Parenchyms hat das Blatt noch die Fähigkeit, sich einzurollen.

Durch die intensive Wärme wird nämlich zuerst den Gelenkzellen und dann den Zellen des mechanischen Gewebes das Wasser entzogen, in Folge dessen schrumpfen diese Zellen zusammen und bewirken so die Einfaltung.[31]

Es bleibt jetzt noch zu untersuchen, wie dieser für die auf Wüstenboden wachsenden Pflanzen so vortreffliche Einrollungsmechanismus entstanden ist.

Ohne Zweifel sind die Steppengräser aus den Wiesengräsern entstanden, das beweist nicht nur der allmähliche Uebergang von einer Form in die andere, sondern die mehr oder weniger starke Ausbildung des Einrollungsmechanismus bei ein und derselben Art entsprechend dem Standorte, auf welchem sie sich befindet, endlich die nahe Verwandtschaft vieler Steppengräser zu Wiesengräsern. An eine Entwicklung der Wiesengräser aus den Steppengräsern ist vernünftigerweise nicht zu denken, weil erstens die Gräser notorisch Feuchtigkeit liebende Pflanzen sind, und weil endlich der anatomische Bau der Steppengrasblätter — und das ist massgebend — sich aus demjenigen der Wiesengräser herleiten lässt.

Die grossen, eigentümlich gestalteten Gelenkzellen der Steppengräser befinden sich an denjenigen Blattstellen, welche Beugungsorte in der Knospenlage waren. Besitzt das Blatt wenig Gelenkzellen, so war es in der Knospenlage conduplicativ, besitzt es viele derselben, so war es convolutiv; dabei ist noch zu bemerken, dass die conduplicative Form leicht in die convolutive übergeführt werden kann.

Bei der Knospenlage, wo die morphologische Oberseite des Blattes die innere Fläche bildet, müssen ihre Zellen kleiner sein, als diejenigen der Unterseite, und besonders die Zellen, welche gerade im Faltungswinkel liegen, deren Wandungen sich deshalb gar nicht auszudehnen vermögen, müssen die geringste Grösse besitzen, das sind die Gelenkzellen. Wenn nun das Blatt sich entfaltet, so beginnt ein schnelles Wachsen der Zellen der Oberseite, die Wände derselben werden ausgedehnt durch den herbeiströmenden Zellsaft, der Turgor in denselben wächst und bewirkt die allmähliche Entfaltung des Blattes. Am stärksten muss natürlicherweise das Wachstum an denjenigen Stellen sein. welche am meisten zusammengefaltet sind, weil hier die stärkste Streckung stattfinden muss; es werden sich daher die hier befindlichen, anfangs kleinen, zusammengedrückten Zellen besonders stark und weit ausdehnen müssen, und daher mehr oder weniger kugelige Gestalt annehmen.

Die wechselnde Einwirkung der intensiven Wärme auf die Zellen, welche ihnen rasch das Wasser entzieht, und die darauf folgende Ausdehnung durch Wasserzufuhr aus den Fibrovasalen dehnt das Zellenlumen immer mehr aus, d. h. die Gelenkzellen verdanken ihre Entstehung der Knospenlage des Blattes, ihre Erhaltung der Einwirkung der Wärme. Diese Form der Zellen ist bei den einzelnen Gräsern allmählich erblich geworden.

Dieser Satz findet seine Bestätigung durch rein anatomische Untersuchungen. „Wenn man die Lage der Gelenkzellen bei den erwachsenen Blättern gewisser Gramineen festgestellt hat, sagt Duval-Youve, und man jugendliche Blätter derselben Art untersucht, mögen sie im Wachstum auch ziemlich weit vorgeschritten sein. so erkennt man wohl, dass die Beugungsstellen der Lage der Gelenkzellen entsprechen. aber diese Zellen, welche später die vier- bis zehnfache Grösse der anderen Epidermiszellen haben, sind dann noch klein und zusammengedrückt, und sie wären nicht erkennbar, wenn man nicht vorher die Lage derselben auf Querschnitten des erwachsenen Blattes studirt hätte.“

Ein Blick auf die Abbildung, welche dem Texte dieses Buches beigegeben ist, zeigt ferner, dass das mechanische Gewebe sich gerade an denjenigen Stellen des Blattes befindet, welche möglichst entfernt von den Fibrovasalen liegen oder dem Lichte und der Wärme am meisten ausgesetzt sind. Als die Wiesengräser auf dem Steppenboden vorrückten, besassen sie an diesen Stellen grünes Parenchym. Dieses aber kam bei der starken Bestrahlung gar nicht zur völligen Entwicklung, die Zellen blieben klein und schlossen sich deshalb ohne Intercellularräume aneinander, ähnlich wie die Zellen in den Palissaden der Laubblätter. Je intensiver die Wärme auf die Pflanze wirkte, desto mehr musste natürlicherweise dieses Gewebe zunehmen, daher sahen wir es bei den Pflanzen derselben Species in der Grösse variiren, je nach dem Standorte, auf welchem sich die Individuen befinden, und bei den Steppengräsern ist fast das ganze Parenchym in solche Zellen verwandelt. Es ist das mechanische Gewebe hervorgegangen aus den durch das Licht im Wachstum behinderten Parenchymzellen des Mesophylls.[32]

Die Grösse der Fibrovasalen hängt teils von dem in der Wärme geringen Wachstum des Parenchyms ab, mehr von ihrer Eigenschaft als Leitungsröhren des Bodenwassers und der Nährstoffe, sie konnten sich in Folge dessen von allen Zellen des Blattes am besten ausbilden. Je weiter die Pflanze auf dem Steppenboden vordrang, um so vollkommener musste der Einrollungsmechanismus werden.

So entstehen aus den Wiesengräsern beständig neue Arten, nicht aus inneren Ursachen, sondern durch die intensive Wirkung äusserer Lebensbedingungen.

Pflanzen, welche viel Licht und wenig Wärme erhalten.[33]

Das intensivste Licht bei niedrigster Temperatur wird den Alpenpflanzen zu Teil. Dieselben bleiben stets bis Ende Mai von Schnee bedeckt; sie gelangen somit in der Zeit der längsten Tage zur ersten Entwicklung. Die Frühlingstage der Alpenregion übertreffen die correspondirenden Frühlingstage unserer Täler und Ebenen, welche auf den Monat März fallen, um volle 4 Stunden, und in der Hochalpenregion, in welcher das Erwachen aus dem Winterschlaf gewöhnlich im Juni erfolgt, zeigen die Lenztage sogar eine relative Verlängerung um 5 Stunden. Hierzu kommt noch, dass auch die Seehöhe eine Verlängerung der Tage bedingt, indem bekanntlich auf Berghöhen die Sonne am Morgen früher eintrifft und am Abend etwas länger verweilt, als in den Tälern und Ebenen der gleichen Breite. So wirkt der Lichtreiz täglich 15—16 Stunden auf die Pflanzen ein, während der von Schnee und Wasser durchtränkte Boden sich nur sehr mässig erwärmt, ausserdem die Nähe des ewigen Schnees beständig deprimirend auf die Temperatur einwirkt. An solchen Orten muss wegen des Wärmemangels die Bildung von Vegetationsorganen eine sehr geringe, dagegen die Bildung von Reservestoffen und Blüten in Folge des starken Lichteinflusses eine sehr reichliche sein, was in der That in den Alpen eintrifft. Bei den Alpenpflanzen erfolgt Knospen, Blühen und Fruchten in unglaublich kurzen Zeiträumen auf einander, und je höher ihr Standort, je grösser damit die Tageslänge zur Zeit ihres Erwachens aus dem Winterschlaf ist, desto rascher schliessen sie ihren jährlichen Vegetationscyclus ab; auch besitzen sie alle reichlich grosse, lebhaft gefärbte Blüten, was bekanntlich ein Zeichen reichlicher Stoffwechselproducte ist.

Die Alpenpflanzen zerfallen in perennirende und einjährige.

Die perennirenden wachsen in dichten Rasen oder Polstern, ihre Wurzelblätter rosettenartig auf dem Boden ausbreitend. Zwischen diesen erhebt sich der ein- bis zweiblütige Schaft oder ein sehr kurzer, jedoch der Streckung und bisweilen auch der Verzweigung fähiger Stengel. Während der meist kurzen Blütezeit findet keine Innovation der Blatt- und Achsenteile statt. Die Blüten entstehen aus organisirten Baustoffen, welche durch Assimilation bei sehr starkem Lichte gebildet werden oder bereits im verflossenen Jahre gebildet worden sind.

Durch Cultur in wärmeren Gegenden ist es gelungen, eine Reihe von Alpinen, welche in ihrer Heimat völlig constante Artmerkmale zeigten, in Formen der Ebene zu verwandeln. Regel[34] erzog aus Möhringia polygonoides Möhringia mucosa, aus Plantago alpina Plantago montana und aus Sagina saxatilis Sagina procumbens; in Rahels Garten entwickelte sich Juniperus nana allmählich zu Juniperus communis, im Insbrucker botanischen Garten unter Kerners Leitung Artemisia nana zu Artemisia campestris, Aster alpinus zu Aster Amellus, Senecio incanus zu Senecio carniolicus, Potentilla micrantha zu Potentilla Fragariastrum und Potentilla frigida zu P. grandiflora. Es sind die alpinen Arten aus den entsprechenden Talformen entstanden. Dieser Satz findet dadurch Bestätigung, dass andere Talpflanzen, sobald sie in die alpinen Regionen gelangen, den Einfluss der veränderten Lebensbedingungen durch Veränderungen ihres Habitus erkennen lassen. Das Waldvergissmeinnicht[35] des Tales hat auf sonnigen Halden der Alpen seine Blütenkrone um das Doppelte vergrössert und seine duftenden Blüten mit einem Blau geschmückt, welches mit dem dunkelsten Himmel des Hochgebirges an Lebhaftigkeit wetteifert. Die Goldrute und der schmalblättrige Weiderich (Solidago Virgaurea und Epilobium angustifolium), deren Samen durch den aufsteigenden Luftstrom manchmal aus dem Waldlande zu den höchsten Felskuppen emporgeführt werden, keimen und treiben dort oben neben den genuinen Alpenflanzen, neben Raute und Edelweiss nicht selten lustig empor. Die Internodien ihres Leibes erscheinen alsdann jedoch gewaltig verkürzt, die Zahl der Laubblätter ist um die Hälfte kleiner, als bei gleich grossen Pflanzen der Ebene, und die Blüten, deren Zahl gleichfalls stark abgenommen hat, haben nicht nur ein grösseres Ausmass ihrer Kronen, sondern auch intensive Farben bekommen. Und ganz dieselben Umwandlungen lassen sich an Phyteuma orbiculare, Campanula rotundifolia, Thymus Serpyllum, Gentiana germanica, G. asclepiadea, Hieracium Pilosella, Centaurea phrygia, Centaurea Scabiosa, Knautia silvatica, Valeriana officinalis, Dianthus Carthusianorum, Helianthemum vulgare, Parnassia palustris, Linum catharticum, Viola tricolor, Trollius europaeus, Anthyllis Vulneraria und noch vielen anderen beobachten.

Es bedarf für diese Pflanzen nur einer längeren, durch Generationen fortgesetzten Cultur unter dieser neuen Lebensbedingung, damit sie, wenn auch nur sehr langsam, sich immer besser den neuen Lebensbedingungen anpassen, bis sie endlich zu constanten alpinen Arten umgewandelt sind.

Die einjährigen Alpinen sind sehr gering an Zahl; sie verhalten sich zu den perennirenden wie 4 : 90. Zu ihnen gehören Ranunculus pygmaeus, Gentiana nana, G. tenella und G. prostrata, Gnaphalium supinum, Euphrasia minima. Die Pflanzen entwickeln zwergige Stengel, die knapp über die Cotyledonen hinausreichen, sie besitzen nur ein oder zwei Paar Laubblätter, aber diese geringe Anzahl genügt in dem intensiven Lichte zur reichlichen

Assimilation von Nährstoffen, welche sofort zur Bildung der grossen Blüte verwendet werden.

Eine bedeutende Verringerung der Vegetationsorgane bei geringer Wärme findet nicht nur in den Alpen, sondern auch in Niederungen statt, und zwar dann, wenn die Pflanzen in der letzten Hälfte des Sommers keimen und zur Entwicklung kommen. Man begegnet alsdann in der Ebene zur Herbstzeit auf Ackerboden 1 bis 2 Zoll hohen, nur mit 2 Blättchen versehenen Exemplaren des sonst fusshoch werdenden Polygonum Persicaria, aber auf diesen kleinen Stielen sitzt eine ausserordentlich reiche Blütentraube, die völlig normale Grösse hat.[36]

Galeopsis tetrahit[37] erscheint in der Ebene als Sommer- und Herbstpflanze; als letztere entwickelt sie sich aus der Sommersaat. Im Sommer bildet sie stattliche verästelte Stengel, bevor die Blütenknospen angesetzt werden, als Herbstpflanze bringt sie gleich nach der Entwicklung des ersten Blattpaares ihre ersten Blüten zur Ausbildung, so dass die Blüte an den zwergigen, kaum zollhohen Pflanzen den Stengel nicht selten an Länge übertrifft; die Pflanze findet im Herbste die erforderliche Anfangstemperatur für die Keimung, und da es ihr dann an Licht nicht fehlt, so kann sie sofort zur Blütenbildung schreiten.

Da bei Wärmemangel nicht nur die annuellen Alpinen, sondern auch die annuellen Pflanzen der Ebene eine bedeutende Verminderung ihrer vegetativen Sphäre erfahren, so ist es durchaus wahrscheinlich, dass die einjährigen Alpenpflanzen aus Gewächsen der tieferen Regionen durch äussere Ursachen hervorgegangen sind.

Sehr beachtenswert sind eine Anzahl alpiner Pflanzen, welche mit Talformen genetisch aufs engste zusammenhängen, auch im Habitus nur in minutiösen Merkmalen von ihnen abweichen, sich dagegen wesentlich in der Lebensdauer von ihnen unterscheiden: sie sind nämlich perennirend, während die entsprechenden Talformen einjährig sind.[38] Hutchinsia alpina und H. brevicaulis, Draba laevigata, Viola lutea und V. declineata, Alsine rostrata, Campanula Steveni entsprechen den annuellen Talpflanzen Hutchinsia petraea, Draba verna, Viola tricolor,

Alsine Jacquini, Campanula patula etc. Gelingt es nachzuweisen, dass die Lebensdauer der Gewächse von den äusseren Agentien: Licht und Wärme, abhängig ist, dann ist die Entstehung der genetisch so eng verbundenen Parallelformen erklärt.

Lebensdauer.[39]

Bei Untersuchungen über die Lebensdauer der Pflanzen kommt es darauf an, einen Factor zu finden, welcher im Stande ist, den Lebenslauf der Pflanzen stark zu beeinflussen oder gar völlig zu beendigen. Ein solcher Factor ist die in gemässigten Climaten jährlich eintretende Herabminderung der Wärme unter 0°, der Winter. Es kann als allgemeine Regel gelten, dass bei Eintritt des Winters krautige Pflanzen, die sogenannten einjährigen, ohne Ausnahme zu Grunde gehen, während die Holzgewächse die Kälteperiode überdauern. Krautige Pflanzen sind nun solche, welche im Verhältnis zu anderen viel Wasser und wenig Reservestoffe in ihren Organen enthalten, während die holzigen besonders bei Beginn des Winters viel Reservestoffe (Cellulose unter dieselben gerechnet) und wenig Wasser enthalten. Es scheint sich in diesem verschiedenartigen Verhalten der Pflanzenorgane gegen ein und dieselbe Ursache ein besonderes Gesetz auszudrücken, welches lauten würde: Reservestoffreichtum und Wassermangel schützen die Pflanze vor dem Erfrieren und verlängern dadurch ihre Lebensdauer; Reservestoffmangel und Wasserreichtum begünstigen das Erfrieren und verkürzen dadurch den Lebenslauf der Pflanze.

Die nachfolgenden Untersuchungen sollen über den Wert oder Unwert dieses Satzes entscheiden.

Vor allem ist zu erwähnen, dass auch die krautigen, einjährigen Pflanzen nicht als belebte Individuen zu Grunde gehen, sondern dass sie eine Art Metamorphose erleiden, sie überdauern als Samen d. h. als lebende Individuen eingehüllt in Reservestoffe die Frostperiode. Dabei ist zu bemerken, dass die Samen, so lange sie kein Wasser aufgenommen haben, die höchsten Kältegrade überdauern können, aber bei viel geringeren Temperaturen zu Grunde gehen, wenn sie angekeimt sind, und wenn sie selbst nur ein Minimum von Flüssigkeit aufgenommen haben.[40]

Anderseits giebt es eine Reihe von Beobachtungen, welche beweisen, dass auch Glieder holziger Gewächse erfrieren können. Fast regelmässig erfrieren bei einzelnen unserer Bäume und Sträucher die Zweigspitzen.[41] Maulbeerbäume, Akazien und Himbeeren liefern die häufigsten Beispiele dafür. Die Bäume, welche derart vom Froste getroffen werden, sind aus südlichen Climaten zu uns herübergekommen. Während sie im Süden regelmässig im Laufe des Sommers die mitten in ihrer Entwicklung begriffenen Zweigspitzen abwerfen und damit ihre Vegetationsperiode beendigen. geschieht das bei uns nie; das beweist. dass unsere Sommer für sie zu kalt und zu kurz sind, und sie aus diesem Grunde ihre Entwicklung nicht vollständig beendigen können, die Spitzen der Zweige sind daher bei Eintritt der Kälte noch krautartig und erliegen. soweit sie nicht verholzt sind, dem Froste. Das Erfrieren solcher nicht verholzten Triebe findet man bei Robinia Pseud-Acacia, Gleditschia, Sophora japonica, Broussonetia papyrifera, Morus alba, Salix babylonica und Vitis vinifera. Die Wirkung der Kälte hängt also auch hier von den Reservestoffen ab.

Es ist ferner eine bekannte Thatsache, dass die tropischen Pflanzen, auch Holzgewächse, schon bei niedrigen Wärmegraden absterben, bevor die Temperatur unter den Gefrierpunkt herabsunken ist.[42] Fragt man nach dem Grunde, so ergiebt sich. dass die Pflanzen der tropischen Gegenden, welche in unser gemässigtes Clima gelangen, aus Regionen mit viel Licht und Wärme in Regionen gekommen sind, wo sie viel weniger Licht und Wärme erhalten, sie werden in Folge dessen viel weniger Reservestoffe bilden und dieselben zur Bildung von Vegetationsorganen benutzen, welche somit viel Wasser enthalten werden. In Folge dessen erfrieren sie bei geringeren Temperaturgraden.

Diesen Pflanzen schliessen sich die französischen Getreidevarietäten an, welche nach Körnicke leichter auswintern als schlesische und westpreussische Arten.[43]

Dagegen sehen wir, dass Knollen und Wurzelstöcke, diese

ausgezeichneten Reservestoffbehälter, bedeutende Kältegrade und ebenso bedeutende Hitzegrade überdauern. Während in den Steppen bei Beginn der Dürre die krautigen Pflanzen zu Grunde gehen, bleiben die mit Reservestoffen gefüllten bestehen. Bei denjenigen, welche teils krautig, teils reservestoffgefüllt sind, gehen die krautigen Glieder zu Grunde, die anderen nicht.

Es schützen also die Reservestoffe die Pflanze ebenso gegen Wärmeüberfluss, wie gegen Wärmemangel. Die Reservestoffe sind also Schutzmittel gegen die Extreme der Wärme.

Interessant ist das Verhalten der Kartoffelknolle gegen die Kälte.[44] Die Knolle erfriert im October und November schwerer, als im Januar und Februar. Es beruht das darauf, dass die Kartoffeln und auch viele Zwiebelgewächse während der letzten Hälfte des Winters bereits Feuchtigkeit aus der Luft aufnehmen und so gegen die Kälte empfindlicher geworden sind.

Diesem Beispiel schliesst sich ein Versuch an, welchen Goeppert[45] mit Senecio vulgaris, Fumaria officinalis, Poa annua unternommen hat. Er brachte Exemplare dieser Arten, die schon die bedeutende Kälte von — 9° im Freien überstanden hatten, in ein warmes Gewächshaus, dessen Temperatur sich gewöhnlich zwischen + 12 u. +18° hielt. Nach 15 Tagen wurden dieselben abermals der Atmosphäre ausgesetzt, jedoch ertrugen sie die damals herrschende Kälte von — 7° nicht, obgleich sie um 2 Grade niedriger war als die früher von ihnen bereits überstandene. Andere Pflanzen dieser Art, die während dieser Zeit im Freien vegetirt hatten, blieben unverletzt. Offenbar hatte die bedeutende Wärme des Gewächshauses die Pflanzen zur Bildung von Vegetationsorganen angeregt; sie hatten deshalb Wasser aufgenommen und begannen die in ihren Organen niedergelegten Reservestoffe zu verarbeiten; als die Pflanze nun wiederum der Kälte ausgesetzt wurde, ging sie aus Mangel an schützenden Reservestoffen zu Grunde.

Goeppert[46] hat ferner darauf hingewiesen, dass junge Blätter und Triebe später als die ausgewachsenen erfrieren. Junge Blätter und Triebe entstehen aus Stoffwechselproducten, die in Menge herbeigeschafft werden und wenig Wasser enthalten.

Die Reservestoffe werden dem Herd ihrer Bildung, den alten Blättern, entnommen, deren Zellen sich in Folge dessen mit Wasser füllen, daher gehen diese leichter zu Grunde als die jungen Blätter. Werden die Reservestoffe wegen Mangel an Wärme den alten Blättern nicht entzogen, so können auch sie der Kälte widerstehen. Bei vielen Wurzelstockgewächsen finden sich solche Wurzelblätter den ganzen Winter hindurch, während die krautigen Stengel erfroren sind. Ebenso behalten die meisten Alpinen ihre lederartigen Blätter.

Auf ungleichmässiger Verteilung der Reservestoffe beruht das ungleichmässige Gefrieren und Schwarzfleckigwerden verschiedener Partien eines Blattes.

Blüten erfrieren oft viel später als Blätter,[47] weil sie aus Reservestoffen unter geringer Wärme gebildet sind. Bei Baumblüten werden im Frühjahrsfrost bisweilen nur die Fruchtknoten getödtet, die, wie bekannt, meistens „fleischig" sind, was schon ihre grüne Färbung bezeigt.

Ein merkwürdiges Verhalten gegen die Kälte zeigen einige Pflanzen, je nachdem sie auf humusreichem oder humusarmem Boden gedeihen.[48] Stellaria media überwintert auf gedüngten Aeckern und im Garten jährlich; aber ein magerer Boden, in dem sie im Frühjahr leidlich fortkommt, vermag sie im Winter nicht am Leben zu erhalten.

Ebendasselbe geschieht mit Erodium, Brassica, Diplotaxis muralis und Senecio vulgaris. Es ist schon früher erwähnt worden, dass zur Bildung von Reservestoffen ein bestimmtes Mass von mineralischen Nährstoffen des Bodens notwendig sei und dass die Pflanzen dieses um so leichter erlangen, je reicher der Boden daran ist; da der Culturboden immer reich an Nährstoffen ist, so werden die auf Humus gedeihenden Pflanzen im Herbste viel reicher an Reservestoffen sein, als die Exemplare derselben Art auf magerem Boden: jene überwintern, diese bleiben bestehen. Mit Recht sagt daher Krašan[49]: Durch vermehrte Zufuhr mineralischer Nährstoffe kann in gewissem Grade die Ungunst der Witterung aufgehoben werden.

Der oben aufgestellte Satz: die Reservestoffe schützen

die Pflanze gegen die Extreme der Wärme und verlängern dadurch ihre Lebensdauer, hat durch die soeben besprochenen Beobachtungen seine volle Bestätigung gefunden, und kann daher als Grundgesetz aufgestellt werden.

Da das Licht die Bildung von Reservestoffen begünstigt, so kann der Satz auch lauten: Starke Lichteinwirkung befördert durch Begünstigung der Reservestoffbildung die Anpassung der Pflanze an extreme Temperaturen.

Auch einige Zahlen lassen sich für diesen Satz anführen.[59] Steigt man in den Alpen aus den Tälern in die lichtreichen und wärmearmen alpinen Regionen, so nimmt die Zahl der perennirenden Pflanzen stufenweise zu. Unterhalb der Nadelhölzer, 200—600 m über dem Meere, beträgt die Zahl der Annuellen 60 %, in der Region der Nadelhölzer und Wiesen. 600—1800 m, 33 %, in der Region der Alpinen, über 1800 m, nur 6 %. In demselben Verhältnisse nehmen die Annuellen ab, je mehr man nach höheren Breiten kommt: in Paris unter 40° sind 45 % der Pflanzen einjährig, bei Christiania unter 59,55° nur 30 % und bei Listad unter 61,40° nur 26 %.

Gelangen annuelle Pflanzen aus den Tälern in die alpinen Regionen, so werden entweder ihre vegetativen Organe so sehr beschränkt, dass die Pflanze selbst in der verkürzten Sommerszeit noch ihre Reproductionsorgane ausbilden und Samen reifen kann — es giebt, wie wir gesehen haben, solche Pflanzen —; oder die Pflanze gelangt nicht mehr zur Blütenausbildung: ehe die Knospen angelegt sind, oder kurz nach Anlegung derselben wird die Pflanze von der Kälte überrascht. Sie wird aber leicht überwintern, weil wegen der geringen Wärme die Reservestoffe keine Anwendung finden konnten und daher alle Organe anfüllen. Im Frühjahr zieht die Blüte aus den überwinterten Blättern ihre Nahrung (dieselben schrumpfen ein), es entstehen jedoch zugleich neue Blätter, die ihre Assimilationsproducte nicht mehr an die Blüten abgeben, sondern neue Vegetationsorgane bilden, die dann entweder neue Blüten hervorrufen oder nochmals überwintern, damit sind aus den einjährigen perennirende Pflanzen geworden. Es stammen mithin die in den alpinen Regionen einheimischen, perennirenden Hutchinsia alpina und brevicaulis, Draba laevigata, Viola lutea und V. declineata, Alsine rostrata, Campanula Steveni von den annuellen Hutchinsia petraea, Draba verna, Viola tricolor, Alsine Jacquini, Campanula patula u. s. w. ab, und zwar sind die Entstehungsursachen nicht innere, sondern äussere.

III. Gruppe: Pflanzen, welche wenig Licht und wenig Wärme zu ihrer Entwicklung erhalten.

Die Flora, welche am Grunde schattiger, feuchter Wälder gedeiht, liefert die Pflanzengruppe, welche wenig Licht und wenig Wärme während ihrer Lebensdauer erhält.

Diese Gewächse zeichnen sich meistens durch grosse, aber nur in geringer Anzahl vorhandene, sehr wasserreiche Vegetationsorgane aus, und besitzen zum grössten Teil unansehnliche, langlebige Blüten, da die Assimilationsproducte denselben nur langsam zugeführt werden. Wegen der gleichmässigen Temperatur haben die Pflanzen ein sehr gleichmässiges Wachstum, und sind daher meistens haarlos. Nach Abholzung der Bäume verschwinden sie sofort oder doch nach ganz kurzer Zeit. Characteristisch für diese Lebensbedingungen sind die dünn- und zartblättrigen Corydalis - Arten, Circaea, Adoxa Moschatellina, Impatiens Noli tangere, Dentaria enneaphyllos, Asperula odorata, Prenanthes purpurea u. s. w.

Pflanzen, welche aus anderen Lebensbedingungen hieher gelangen, vergrössern gewöhnlich ihre Vegetationsorgane, die jedoch an Zahl geringer werden und verlieren nach und nach ihre Behaarung.

Ein gutes Beispiel hierfür ist die Gentiana asclepiadea [51]: Sie findet sich in allen Wäldern, welche um die Alpen sich ausbreiten, in den Tälern und Abhängen bis 14 000 m, an den schattigsten und nicht minder an den lichtesten Stellen. An sonnigen Waldrändern oder an freien Bergtriften, wo sie täglich während mehrerer Stunden bei heiterem Himmel dem Sonnenlichte ausgesetzt ist, ist sie steif und aufrecht, stark lignescirend, mit gekreuzten, dunkelgrünen, dicklichen Blättern und allerseits gleichmässig gestellten, schon am Anfange des August sich öffnenden Blüten. In dieser Form scheint sie mit ihren, dem Schatten des Waldes entstammenden Nachbarinnen kaum eine Artgemeinschaft zu haben, denn diese neigen ihre verlängerten. schwachen Stengel mit den zweizeilig stehenden, hellgrünen, membranösen Blättern bogenförmig zu Boden, tragen aber nur auf der Oberseite in einer Reihe stehende Blüten und blühen 2 bis 4 Wochen später.

Es ist kein Zweifel, dass aus dieser Form, wenn sie gezwungen ist, durch mehrere Generationen im Schatten der Wälder zu vegetiren, eine neue Art entstehen kann.

Aehnliche Beispiele liefert jede Localflora in ziemlicher Menge.

Ueber die in Laubwäldern häufig auftretende Formgruppe der phanerogamen Schmarotzer wird später ausführlich berichtet. Hier sei nur erwähnt, dass jedenfalls der Lichtmangel in Verbindung mit dem kohlensäurereichen Humusboden die Entstehung dieser Pflanzen veranlasst haben. Die Pflanzen konnten bei der geringen Lichtmenge, welche durch die Laubkronen der Bäume fiel, nur schwer die zu ihrer Entwicklung nötige Kohlensäure erhalten, wobei als erschwerend hinzukommt, dass die ungeheuern Laubmassen der Bäume den Kohlensäuregehalt der Luft stark verminderten; anderseits drang mit dem Bodenwasser beständig organische Kohlensäure in die Wurzeln der Pflanzen ein, anfangs nahmen dieselben nur minimale Quanta davon auf, später mehr.

Cap. III.

Wasser.

Für die Pflanzen ist das Wasser nicht allein durch die Beteiligung seiner Grundstoffe an der Bildung ihrer Assimilationsproducte, sondern auch als Lösungs- und Transportmittel ihrer übrigen Nährstoffe unentbehrlich; daher führt völlige Entziehung desselben den Tod einer jeden Pflanze herbei.

Für die einzelnen Arten ist indes das Wasserbedürfnis ein

sehr verschiedenes, das zeigt nicht nur der Unterschied zwischen Land- und Wassergewächsen, sondern auch das ungleiche Verhalten verschiedener Landpflanzen gegen dieselbe Wassermenge. Während einige derselben ein völliges Austrocknen des Bodens auf längere Zeit ertragen können, dagegen bei Wasserüberschuss sofort ausfaulen und zu Grunde gehen,; giebt es umgekehrt Arten, für die starke Trockenheit absolut tötlich, Wasserreichtum dagegen nicht schädlich ist. So stellen für jede Art gewisse Grade der Feuchtigkeit die absolute Grenze ihres Vorkommens fest, ähnlich, wie es für eine jede bestimmte Temperatur- und und Lichtmaxima und -minima giebt.

Innerhalb dieser Grenzen schwankt die physiologische Ausbildung der einzelnen Organe mit dem Wassergehalt des Bodens, wie von Hellriegel[52] durch Culturversuche mit Gerstensämlingen nachgewiesen ist; die Resultate dieser Untersuchungen sind folgende: Die Schädlichkeit einer beim Schossen, also während der stärksten Entwicklung überstandenen Durstperiode von 14 Tagen wird durch nachfolgenden Regen nicht wieder ausgeglichen. Fand die Pflanze während ihrer Jugendzeit normale Wassermengen im Boden und muss sie alsdann in der Blütezeit dürsten, so wird die Ausbildung der Körner sehr beeinträchtigt. Bei starker Trockenheit verscheint wohl gar das Getreide, ohne überhaupt Körner gebildet zu haben. Wird die Pflanze in der Jugendzeit knapp mit Wasser versorgt und erhält sie dann zur Blütezeit normale Feuchtigkeit, so wird die Ausbildung der Körner vortrefflich, dagegen die des Strohes und der Blätter nur eine geringe. Tritt endlich die Trockenheit ein, sobald die Körner ausgebildet, wenn auch im Innern noch ganz wässrig sind, so geschieht der Production kein Abbruch mehr.

Zu entsprechenden Ergebnissen führten die Untersuchungen von Ilienkoff und Sorauer.

Obgleich die erwähnten Culturversuche bereits klar erkennen lassen, dass das Wasser im Stande ist, die einzelnen Functionen des Pflanzenorganismus in ihrer Thätigkeit bedeutend zu beeinflussen und dadurch auf die einzelnen Organe gestaltverändernd einzuwirken, werden ihre Resultate durch die nachfolgenden Beobachtungen an Wichtigkeit bedeutend übertroffen:

In umgekehrter Weise wie einst aus den ursprünglich alleinherrschenden Wasserpflanzen mit Verengung der Grenzen für den Wasserbedarf und bestimmten morphologischen Veränderungen — die erst später ausführlich besprochen werden — Landpflanzen sich entwickelt haben, entstehen gegenwärtig aus den letzteren wiederum Wassergewächse, die so ihre Grenzen für den Wasserbedarf erweitern: es gelingt ihnen der Uebergang jedoch nur mit Aufopferung der ererbten morphologischen Structur. Eine Anzahl dieser im Uebergangsstadium befindlichen Pflanzen besitzen die Fähigkeit, in zwiefacher Gestalt zu erscheinen, und zwar entsprechend dem Medium, in dem sie sich gerade befinden. Zu ihnen gehören Marsilia quadrifolia, Polygonum amphibium. Ranunculus aquatilis und andere.[58]

Versenkt man Stücke des mit Luftblättern versehenen, kriechenden Stengels, der als Sumpfpflanze bekannten Marsilia quadrifolia unter den Wasserspiegel, so bleiben die vollkommen entwickelten Luftblätter unter dem Wasser unverändert und ihre Stiele verlängern sich nicht; ebenso findet keine Stielverlängerung bei den beinahe ganz entwickelten Blättern statt, hingegen tritt bei den jüngeren Blättern eine auffallende Veränderung ein, sie wachsen hauptsächlich im Blattstiel fort, die vier Teilblättchen bleiben dicht aneinander, bis sie den Wasserspiegel erreichen, dann falten sie sich auseinander und sind so echte Schwimmblätter geworden, versehen mit langen, biegsamen Stielen, die mit dem Wasserspiegel steigen und fallen. Bei der Spreite der Schwimmblätter ist im Gegensatz zu den Luftblättern und in Uebereinstimmung mit den Schwimmblättern, z. B. von Hydrocharis morsus ranae, Nymphaea und anderen, die untere Seite ganz frei von Spaltöffnungen und zeigt in gleichförmiger Weise nur geschlängelte Oberhautzellen im Gegensatz zu den Luftblättern.

Aehnliche Erscheinungen bieten die anderen Arten dieser Gattung. Marsilia pubescens ist ausserdem merkwürdig wegen des Verhaltens ihrer Haare. Diejenigen der Unterseite verschwinden ganz, die der oberen werden durch Höcker ersetzt, sodass die Oberfläche dieser Blätter ein sammetartiges Ansehen hat und das Wasser leicht abrinnen lässt.

Ebenso wie die Marsilia-Arten bildet Sagittaria sagittifolia Schwimm- und Luftblätter.

Polygonum amphibium ist das vierte Beispiel dieser Gruppe. Die Landform ist durchweg scharf behaart, ihr Stengel 1—2" hoch, aufrecht und blattreich. Die Blätter sind kurzgestielt, unten breit, allmählich zugespitzt; ihre Scheiden sind rauhbehaart, die Blüten-Aehren haben länglich-eiförmige Gestalt.

Versenkt man eine solche Landform ins Wasser, so verderben die ausgebildeten Organe, dagegen bilden sich aus den Wurzelstöcken andere Stengel, diese sind dick, glatt, im Wasser untergetaucht schwimmend; die Blätter sind langgestielt, lederartig, glatt, am Rande scharf-gewimpert gesägt, von der Basis bis an die Spitze gleich breit und auf der Unterseite nur selten mit Spaltöffnungen.[54] Die Nebenblattscheiden sind glatt, die Blüten-Aehren ansehnlich, dick-walzenförmig.

Ein Schritt weiter als Marsilia, Sagittaria und Polygonum, welche die Fähigkeit der Luftathmung beibehalten und deshalb Blattspreiten bilden, gehen die Batrachium-Arten. Diese sind aus terrestrischen Formen zu submersen Wasserpflanzen geworden und damit ist ihre Gestalt völlig verändert worden. Während die Landform herzförmig rundliche, 5lappige Blätter besitzt und mit Wurzel die Bodennährstoffe aufnimmt; sind bei den Wasserformen die Wurzeln zu Haftorganen degradirt, und der in viele borstenförmige Lappen geteilte Blattkörper assimilirt sämmtliche Nährstoffe; wird aber die Pflanze den terrestrischen Lebensbedingungen ausgesetzt, so entwickelt sie wieder normale Blätter und Wurzeln. Die Batrachium-Arten liefern somit den directen Beweis für die Abhängigkeit der Pflanzengestalt von der Art der Nahrung und ihrer Verteilung.

Die oben beschriebenen Pflanzenarten sind jedoch nicht die einzigen, welche zeigen, dass der Uebergang vom Lande ins Wasser für die Pflanzen mit Formveränderungen verbunden ist, eine Reihe anderer Arten aus den verschiedensten Klassen zeigt diese Erscheinung in mehr oder weniger auffälliger Weise. so Alisma Plantago, Sparganium ramosum. Nasturtium amphibium, Ranunculus Flammula und andere. Auch ist die Thatsache schon seit lange bekannt. „Zwischen Land- und Wasserpflanzen, sagt Treviranus,[55] findet ein merkwürdiger Unterschied in Ansehung der Blätter statt. Jene sind feine. schmale und blassgrüne. diese breite und dunkle Blätter. Am auffallendsten ist die Verschiedenheit bei solchen Gewächsen. welche teils unter. teils über dem Wasser wachsen, z. B. Sium latifolium. Bei dieser Pflanze sind diejenigen Blätter, die sich in der Luft ausbreiten. eiförmig und gefiedert. hingegen die Wurzelblätter, die unter dem Wasser wachsen. haarförmig und weit länger. als die der Luft ausgesetzten Stengelblätter. Säet man diese Pflanze in einen feuchten. aber der Ueberschwemmung nicht ausgesetzten Boden, so zeigen sich die Blätter ebenso gross, wie die Stengelblätter, nämlich bloss gefiedert. Aehnliche Erscheinungen bemerkt man auch bei Hottonia palustris, Sisymbrium amphibium und anderen."

Der anatomische Bau dieser unter Wasser gebildeten Organe ist folgender[56]: Chlorophyllhaltige Zellen sind seltener wie bei den Landformen und nicht so reich an Körnern; die Gefässbündel sind weniger entwickelt, Gefässe weniger zahlreich, viel geringer im Durchmesser und mit nichtverdickten Wandungen versehen. Die Epidermiszellen sind stark verlängert, regelmässig und nicht geschlängelt. — Mer[56] hat zuerst darauf hingewiesen. dass die im Wasser entstandenen Formen dieser Pflanzengruppe in ihren Characteren alle Merkmale etiolirter Pflanzen aufweisen. und führt ihre Entstehung auf den Lichtmangel zurück. den die Pflanzen im Wasser zu ertragen haben. Er weist darauf hin. dass in tiefen Gewässern Potamogeton natans gar keine Spreiten bilde, dass überhaupt Blattspreiten nur an der Oberfläche des Wassers entstehen. während sonst die ganze Substanz zur Bildung von Blattstielen verwendet wird; auch werden die Internodien länger, je tiefer die Pflanzen im Wasser stehen. Das beste Beispiel ist Littorella lacustris. Dieses tritt an tiefen und flachen Stellen eines Gewässers in zwei so verschiedenen

Modificationen auf, dass man daraus zwei Varietäten gemacht hat.[57]

Die oben erwähnten Pflanzen sind offenbar im Uebergange vom Lande ins Wasser begriffen; das zeigt besonders Ranunculus aquatilis (Batrachium aquatile), welches zwar Landform annehmen kann, aber das gewöhnlich nur auf kurze Zeit, weil es sonst abstirbt.

Es giebt nun eine Reihe von Phanerogamen-Pflanzen, welche in sehr nahem genetischen Zusammenhange mit den oben geschilderten Pflanzenindividuen stehen, Wasserpflanzen sind, aber nicht die Fähigkeit besitzen, sich in Landformen umzubilden. Zu ihnen gehören eine Reihe Batrachium-Arten, Alisma natans, Sparganium minimum u. s. w. Es ist wohl kein Zweifel möglich, dass diese constanten Arten auf ähnliche Weise aus Landpflanzen hervorgegangen sind, dass sie aber im Laufe der Zeit die Fähigkeit verloren haben, Landformen zu bilden, weil sie durch Generationen nicht mehr gezwungen wurden, auf dem Lande zu vegetiren.

Es sind wohl alle Phanerogamen, welche sich gegenwärtig im Wasser befinden, auf solche Weise entstanden.

Unzweifelhaft aber ist es, dass durch den Uebergang von Landpflanzen in das Wasser beständig neue constante Arten erzeugt werden.

Es ist wiederholt darauf hingewiesen und durch eine Reihe von Beispielen erläutert worden, dass aus constanten Arten neue Arten entstehen können, und dass äussere Ursachen die Veranlassung dieser Neubildung waren. Es ist jetzt noch zu untersuchen, ob sich nicht ein Gesetz für die Wirkung der äusseren Agentien finden lässt. Wir recapituliren zu dem Zweck kurz die Wirkung der einzelnen Agentien auf die Pflanze: Wärme wirkt: volumenvergrössernd, reservestoffvermindernd; Licht: volumenvermindernd, reservestoffbildend; viel Licht, viel Wärme und beständiges Wasser begünstigen alle Functionen in gleicher Weise; viel Licht, viel Wärme, wenig Wasser: zeitweise Begünstigung der Reservestoffbildung, dann des Wachstums, dann plötzliche Beschränkung des Wachstums; wenig Licht, wenig Wärme: Begünstigung der Functionen der Wurzel, Beschränkung der Blattthätigkeit.

Fasst man diese einzelnen Thatsachen in ein Gesetz zusammen, so lautet dasselbe: Durch Veränderung der Nahrung wird der Pflanzenorganismus in der Ausführung einzelner Functionen behindert, in der Ausführung anderer wesentlich gefördert, dadurch wird allmählich der ganze Organismus verändert.

Gelangen Pflanzen in andere Nahrungsgebiete, so ändern erst die wenig wichtigen Organe, z. B. die Haartracht, weil der Wasserreichtum des Bodens sich gewöhnlich zuerst fühlbar macht, dann bilden sich einzelne Organe mehr und mehr aus, während andere ebenso allmählich geringer werden, dies nimmt von Generation zu Generation zu, bis ein Gleichgewicht zwischen den äusseren Agentien und den Functionen des Pflanzenorganismus hergestellt ist, alsdann ist die Pflanzenart constant. Es muss aber nochmals wiederholt werden, dass viele Generationen zur Ausbildung einer constanten Art notwendig sind. Wird eine Pflanze in ihre früheren Nahrungsgebiete zurückgebracht, ehe sie als neue Art constant geworden ist, so nimmt sie — es ist das selbstverständlich — ihre frühere Form wieder an.

Cap. IV.

Die mineralischen Nährmittel der Pflanzen. Kohlensäure.

Die vorangehenden Capitel haben in Betreff der in denselben besprochenen Nährmittel folgendes gelehrt:

Eine Pflanzenart bleibt so lange in ihren morphologischen Characteren constant, so lange die für ihre Entwicklung notwendigen Nährmittel: Licht, Wärme und Wasser, bestimmte Grenzen nicht überschreiten. Eine völlige Entziehung eines derselben führt den Tod der Pflanze herbei, ebenso eine plötzliche Veränderung derselben über die Minimal- und Maximalgrenze.

Einer allmählichen, durch Generationen fortgesetzten Verminderung oder Vermehrung des betreffenden Nährstoffes vermag das Individuum indes zu folgen und dadurch sein Leben zu erhalten. es geschieht dieses jedoch nur dadurch, dass sein Organismus die ererbte physiologische und morphologische Structur aufgiebt und eine neue Form annimmt; es ist diese Form aber nicht aus inneren Ursachen entstanden, sondern die Wirkung der veränderten Nahrungsbedingungen: es werden einzelne Functionen des Organismus beschleunigt, andere gehemmt, dadurch erleidet der ganze Organismus eine völlige Umwandlung.

In diesem Capitel soll nun untersucht werden, ob auch die mineralischen Nährstoffe Veränderungen des Pflanzenorganismus hervorrufen können.

Vor allem ist hierbei zu erwähnen. dass eine Reihe von mineralischen Nährstoffen unbedingt für das Gedeihen der Pflanze notwendig ist, fehlt auch nur einer von ihnen, so geht die Pflanze zu Grunde. ohne Nachkommen zu hinterlassen, das geschieht auch dann, wenn zu geringe Quantitäten eines Nährstoffes den Pflanzen geboten werden. Aber auch für jeden mineralischen Nährstoff giebt es eine bestimmte Maximalgrenze seines Vorkommens, wird diese überschritten, so stirbt die Pflanze ab. Mit Recht sagt Mohl[58]: „Es grenzen die Begriffe des Nährstoffes und des Giftes so unmittelbar aneinander, dass eine scharfe Grenze zwischen ihnen nicht gezogen werden kann, da derselbe Stoff — z. B. Kochsalz, Eisenoxyd, Kalkerde — welcher Bestandteil aller oder fast aller Gewächse ist und dabei im allgemeinen durchaus nicht als schädlich betrachtet werden kann, wenn er in grösserer Menge den Pflanzen zugeführt wird, sich für einzelne derselben als schädlich erweist, während andere noch vollkommen gut dabei gedeihen."

Also auch für das Bedürfnis nach mineralischen Nährmitteln, ebenso wie für Wärme u. s. w. hat jede Pflanze ihre besonderen Minimal- und Maximalgrenzen; bleibt also nur noch zu untersuchen, ob die Pflanze durch allmähliche. Generationen hindurch fortgesetzte Züchtung an ein anderes Nährstoffgebiet angepasst werden kann und ob sie dabei die ererbten morphologischen Charactere beibehält.

Aufschluss darüber giebt das Verhalten der Pflanzen gegen Kohlensäure.

Man kann physiologisch im allgemeinen sämmtliche Pflanzen in zwei Gruppen teilen: Thallophyten und Cormophyten. Die Thallophyten besitzen nur ein in allen seinen Gliedern völlig gleichartiges Vegetationsorgan, den Thallus, in Folge dessen haben sie auch nur eine Vegetationsrichtung. Die Cormophyten dagegen besitzen zwei scharf unterschiedene Vegetationsorgane (Wurzel und Blatt). in Folge dessen auch zwei Vegetationsscheitel und -Richtungen.

Diese scharfe Sonderung der Pflanzenorgane ist keine willkürliche, sie ist durch die Verteilung der Nahrung bedingt.

Bei den Thallophyten ist die Kohlensäure mit den anderen Nährstoffen in einem Medium, dem Wasser, vereinigt; die Pflanzen bedürfen daher nur eines Vegetationsorganes. Bei den Cormophyten sind die Nährstoffe in zwei Medien verteilt, in Folge dessen braucht die Pflanze zwei Vegetationscentra, eines zur Aufnahme der flüssigen Nahrung (Wurzelorgane) und eines für die gasförmige Kohlensäure (Blattorgane). Diese beiden Organe fehlen keiner echten Cormophyte. Der Baum, der seine breitästigen Blattkronen in die Atmosphäre streckt und seine Wurzeln in die Erde senkt, wird dadurch formverwandt den Wurzelstockgewächsen, welche zwar zeitweise eines ihrer Organe (die Blätter) verlieren, aber zur Aufnahme der Kohlensäure dieselben später wieder entwickeln müssen.

Die historische Entwicklung des Pflanzenreiches beginnt mit den cryptogamen Thallophyten, welche völlig untergetaucht im Wasser vegetirten, aus ihnen entwickelten sich in flachem Wasser solche Thallophyten, welche zwar noch im Wasser wurzelten. aber bereits mit bestimmten Organen Kohlensäure der Luft athmeten. Die Entstehung dieser Pflanzen ist vermutlich folgende gewesen: Alle cryptogamen Thallophyten besitzen allerdings nur einen Vegetationskörper, bilden aber, wie bekannt, Chlorophyll zur Aufnahme der Kohlensäure und athmen diese nur unter

Einfluss des Lichtes, während sie die anderen Nährstoffe auch ohne Einfluss des Lichtes aufnehmen. Das Chlorophyll ist gleichmässig durch alle Zellen verteilt, und da in der Tiefe die Lichteinwirkung eine gleichmässige ist, so nehmen alle Zellen gleichmässig Kohlensäure und andere Nährstoffe auf.

Das musste sich ändern, als die Pflanzen in flaches Gewässer gerieten; hier wurden ihre oberen Thallusglieder weit mehr vom Licht getroffen, als die unteren, in Folge dessen wurde bei den ersteren die Function der Kohlensäureassimilation wesentlich begünstigt, während die am Grunde befindlichen Partien mehr die anderen Nährstoffe aufnahmen, da sie nicht nur an Licht Mangel litten, sondern auch, weil eine Lösung mineralischer Stoffe meistens am Grunde des Behälters am stärksten concentrirt ist. Diese anfangs gewiss sehr geringe Differenzirung in der Thätigkeit der einzelnen Thallusglieder bildete sich im Laufe der Zeit immer mehr aus; immer besser passten sich die oberen Teile der Pflanze der Kohlensäureassimilation, die unteren der Aufnahme der anderen Nährstoffe an, bis endlich der ursprünglich völlig gleichartige Thallus zwei physiologisch scharf getrennte Abteilungen besass, die alsdann auch bald morphologische Unterschiede zeigten.[59]

Aus diesen Thallophyten mit schwimmenden Blattorganen gingen die Landcryptogamen hervor, bei welchen die Blatt- und Wurzelorgane erst ihre völlige Ausbildung erlangten.

Aus den Landcryptogamen sind dann die Phanerogamen entstanden.

Es ist durch die vorhergehende Besprechung die Entstehung der Blätter und Wurzeln aus äusseren Ursachen erklärt, es bleibt noch die bei den Landpflanzen überaus häufig auftretende Stammbildung zu erklären.

Der Stamm der Phanerogamen verdankt seine Entstehung den Blattorganen, wofür die Musaceen[60] den besten Beweis zu liefern im Stande sind. Die krautigen Blattscheiden dieser Krautbäume schachteln sich röhrenförmig so streng ineinander, dass die daraus gebildeten 20—25 Fuss hohen Stämme trotz des fehlenden Holzes Fruchttrauben von Centner Gewicht oder mehr tragen können und allen Stürmen trotzen. Mit einem Säbelhiebe können solche 2—3“ dicken Bäume niedergestreckt werden. — Je höher sich diese Krautstämme über den Erdboden erhoben, desto zahlreicher mussten die Gefässbündel sein, welche die Leitung der dem Boden entnommenen Nährstoffe zu den Blattorganen vermittelten und umgekehrt die Producte der Kohlensäureassimilation den Wurzelorganen zuführten. Die Gefässbündel bildeten allmählich einen festen Ring unter der Epidermis, sie rückten immer enger aneinander und bildeten so den Stamm.

Bei den Cryptogamen wird eine ähnliche Stamm-Entwickelung stattgefunden haben.

Wir erkennen daraus, dass morphologisch die am höchsten entwickelten Landpflanzen nur deshalb eine so hohe Ausbildung erlangt haben, weil sie physiologisch ihrer Nahrung am besten angepasst sind, denn unsere Laubbäume zeigen den höchsten Grad der Arbeitsteilung in Betreff der Aufnahme und Verarbeitung der Nahrung.

Von denjenigen Phanerogamen, welche die Kohlensäure der Luft, die anderen Nährstoffe aus dem Boden aufnehmen und deshalb notwendigerweise Blätter und Wurzeln besitzen, haben sich zwei neue Formationen abgetrennt. Eine Reihe von Phanerogamen kehrte ins Wasser zurück. Ein Teil von ihnen behielt die Fähigkeit, Kohlensäure der Luft zu assimiliren, bei und entwickelte daher schwimmende Blattspreiten (Nuphar), eine andere Gruppe wurde submers, d. h. wurde gezwungen, die Kohlensäure, welche im Wasser enthalten ist, zu assimiliren. Beide Gruppen sind durch Zwischenglieder mit einander verbunden. Da über diese Pflanzen schon früher, im zweiten Capitel dieses Buches, genauer abgehandelt worden ist, kann hier darüber hinweggegangen werden; zu erwähnen ist nur, dass die meisten dieser Phanerogamen keine echten, nahrungaufnehmende Wurzeln, sondern meistens nur Haft- und Klammerorgane besitzen, und dass ihre ganze Oberfläche Nahrung aufnimmt: die Pflanzen stimmen also physiologisch völlig mit den echten Thallophyten überein. man könnte sie daher „unechte Thallophyten“ nennen.

Die zweite Formation, welche aus den Wurzel- und Blattorgane besitzenden Phanerogamen hervorgegangen ist, wird durch die phanerogamen Parasiten gebildet,[61] mögen dieselben als Humusbewohner, Saprophyten, oder als echte Schmarotzer auftreten. Es ist schon früher darauf hingewiesen, dass den Anstoss zur Ausbildung dieser Formation der am Grunde dichter Wälder herrschende Lichtmangel gegeben hat. In Folge dessen begann die Pflanze minimale Quantitäten der im Boden reichlich vorhandenen, organischen Kohlensäure aufzunehmen. Die hierdurch hervorgerufenen morphologischen Veränderungen sind anfangs kaum wahrnehmbar, auf einer solchen Stufe stehen gegenwärtig Tetraphis pellucida, Listera cordata, Goodyera repens — und auch manche Farne. Je besser sich die Pflanze den neuen Lebensbedingungen anschmiegt, desto stärker treten die morphologischen Veränderungen auf. Die Epidermis der Parasiten verliert ihre Spaltöffnungen, die Blätter bilden kein Chlorophyll, wodurch die Pflanze ein bleiches, fleischrotes oder buntes Aussehen erhält, die Blätter verkümmern und werden rudimentär, während die Stengelglieder besonders in ihrem unteren Teile fleischig, dick und saftreich werden, auch die Blüten werden fleischig. Auf dieser Stufe stehen die in der feuchten und verwesenden Humusschicht schattiger Wälder wachsenden Neottia Nidus avis, Monotropa Hypopitys u. s. w.[62]

Die fleischige und besonders am Grunde verdickte Form dieser Pflanzen und das allmähliche Verkümmern der Blätter erklärt sich aus der Art der Nahrungsaufnahme. Die unteren Partien werden besser mit Nährstoffen versorgt, als die entfernt liegenden Blätter, daher verschwinden die letzteren allmählich, während die anderen Organe an Grösse zunehmen. Der Wasserreichtum dieser Parasiten ist eine Folge der im Waldesschatten ohnehin schwachen, durch das Verkümmern der Blätter noch mehr behinderten Transpiration.

Aus den Humusbewohnern entstehen echte Parasiten, indem die Pflanzen sich zuerst auf abgestorbenen Nährwurzeln festsetzen oder die zarten Zäserchen überwachsen und ihnen einen

Teil ihres Inhaltes entziehen. Monotropa ist in Fichtenwäldern Saprophyt, in Buchenwäldern Parasit.

Die meisten echten Parasiten, welche sämmtliche Nährstoffe anderen Pflanzen entnehmen, Cuscuta, Orobanche, Balanophoreen. Cytineen, Rafflesiaceen, besitzen keine oder nur rudimentäre Blattorgane und bestehen zuweilen nur aus Wurzel und Blüte.

Andere Nährstoffe.

Die eben besprochenen Parasiten liefern nicht nur den Beweis, dass die Schmarotzer ihre Entstehung und Ausbildung dem Verhalten der Kohlensäure verdanken, sie können auch als Beleg dafür dienen, dass überhaupt die chemische Zusammensetzung der Nahrung Formveränderungen hervorrufen kann.

Viele echten Parasiten sind monobiotisch, wenn ihre Nährpflanze in einer Gegend ausstirbt, verschwinden auch sie; einige andere haben einen etwas weiteren Nährstoffkreis, sie sind polybiotisch; aber sie zeigen auf den verschiedenen Nährpflanzen ein verschiedenes Aussehen. Viscum album,[63] die auf den verschiedenartigsten Bäumen wächst, ist eine solche Pflanze. Nirgends erscheint sie schmächtiger und schmalblättriger als auf der Kiefer, nirgends üppiger und mit breiteren Blättern versehen als auf der Schwarzpappel, auch pflegt der Samen der auf Nadelbäumen gewachsenen Büsche nur einen, der Laubhölzern aufsitzende in der Regel mehrere Keimlinge zu enthalten. Viscum laxum,[64] die sich von V. album durch längliche, gelbliche Früchte und durch schmälere, etwas sichelförmige Blätter unterscheidet, soll nur eine Varietät von V. album sein; sie wächst auf Ahorn. Da die Mistel in verschiedenen Gegenden ganz verschiedene Baumarten als ihre Lieblingswohnsitze erwählt — sie wächst im Rheinlande fast ausschliesslich auf Kiefern, in Preussen auf Pappeln —, so ist es leicht möglich, dass die anfangs geringen Differenzen sich im Laufe der Zeit bedeutend verschärfen, so dass neue Arten durch den Uebergang auf neue Bäume entstehen. Auch von Cuscuta-Arten giebt es einige Varietäten: Cuscuta Epithymum var. Trifolii Bab, Cuscuta europaea var. Schkuhriananefrens Fries. auf einjährigen Pflanzen namentlich Vicia sativa und auf Sambucus Ebulus.[65] Indirect wird die Ausbildung neuer Arten beim Uebergehen einer Pflanze auf andere Nährpflanzen durch die Betrachtung irgend einer beliebigen Parasitengattung bestärkt, denn es zeigt sich, dass fast jede der zahlreichen Arten dieser Gattung auf eine oder einige Nährpflanzen angewiesen sind.

Culturpflanzen.

(Man vergleiche in Betreff dieses Abschnittes und der folgenden: Anhang I.)

Einen zweiten Beweis für die Abhängigkeit der Pflanzen von den Bodennährstoffen bieten diejenigen Gewächse, welche auf Culturboden gezüchtet werden, und die Unkräuter eines solchen Bodens. Viele Pflanzen, welche ihren ursprünglichen Nährgebieten entnommen und auf Culturboden gebracht werden, gedeihen darauf vortrefflich, allerdings nur so lange sie gegen Verunkrautung geschützt sind. Die Unkräuter sind eben durch eine lange Reihe von Generationen dem betreffenden Boden vorzüglich angepasst worden, wozu der Kampf mit den Culturgewächsen und Menschen nicht wenig beigetragen hat. Die in Cultur befindlichen, dem Boden nicht angepassten Gewächse gehen daher zu Grunde, wenn sie auch nur auf kurze Zeit dem Kampfe mit den besser dem Boden angepassten Unkräutern überlassen bleiben.

Dass die Pflanzen überhaupt auf solchem Boden gedeihen, ist nicht weiter wunderbar, da der Culturboden immer reichlich mit den für die Pflanzenentwicklung notwendigen Nährstoffen versehen ist, also jede Pflanze ihre Nahrung darin findet. „Wir sehen aber ferner, dass zahlreiche, aus sehr entfernten Ländern bei uns eingeführte Species von Zierpflanzen (Gloxinia speciosa, Phlox Drummondii, Dahlia variabilis) oft in wenigen Jahrzehnten auf Culturboden zahllose und tiefgreifende Varianten bilden, obwohl sie rein eingeführt worden sind und ein Verdacht der Hybridation in keiner Weise vorliegt.“[66] Eine stattliche Reihe dieser Varianten sind bereits in früheren Capiteln als Resultate der Bodeneinwirkung erklärt worden, andere spotten bis jetzt jeder Erklärung: sie alle aber müssen aufgefasst werden als Versuche des Pflanzenorganismus, sich der neuen Nahrung anzupassen.

Von diesen Varianten lässt freilich der Mensch nur diejenigen bestehen, welche ihm für seine Zwecke brauchbar erscheinen, also verhindert er die völlige Anpassung an die Nahrung.

In der Gärtnerei befördert man die Variantenbildung dadurch, dass man die Samen der neu eingeführten Arten auf Ackerparzellen sät, deren jede mit den Ausscheidungen eines bestimmten Tieres gedüngt ist. Da die Excrete der verschiedenen Tiere sehr verschiedene Zusammensetzung haben, erlangt man auf diese Weise sehr complicirte Bodenarten. Auf diesen ist die Variantenbildung eine enorme; so erwähnt der Georginenzüchter Deegen,[67] dass manche Gärtner in einem Jahrgang oft bis 600 Stück „Neuheiten“ in Handel geben, welche nach Durchsichtung wohl leicht auf circa 50 Stück zu reduciren wären.

Culturversuche.

Die Abhängigkeit der Pflanzen und ihrer Gestalt von einer bestimmten chemischen Zusammensetzung der Nahrung ist ferner durch Culturversuche bewiesen und über jeden Zweifel erhaben. Es wurde schon früher erwähnt, dass die Pflanzen absterben, wenn einer der für ihre Entwicklung notwendigen Nährstoffe gänzlich fehlt. „Solche Mangelpflanzen zeigen nach den Versuchen von Hellriegel, Nobbe, Schröder u. s. w., entsprechend dem fehlenden Nährstoffe, ein ganz characteristisches Aussehen, wodurch es dem geübten Beobachter ziemlich leicht gelingt, das mangelnde Element aus der Gestalt der Pflanze zu bestimmen.“[68]

Die Culturversuche haben ferner gelehrt, dass nicht alle Pflanzen derselben Nährstoffe bedürfen und dieselben auch nicht in derselben Menge. Die Bohnen gedeihen nicht in einer Lösung, in der Mais vortrefflich fortkommt, und der Sommerroggen entwickelt vegetative Organe üppig in solcher Nährlösung, in welcher Buchweizen nur kümmerlich sich erhält. Man kann hieraus schon mit ziemlicher Sicherheit schliessen, dass die Pflanzen in der Natur nach diesem Nährstoffbedürfnis verteilt sein werden. Es wird dieser Schluss durch die Erfahrung bestätigt.

Kalk und Kali.

Besonders ist es das Verhalten vieler Pflanzen gegen das Calcium, welches die Abhängigkeit der Landpflanzen von den Bodennährstoffen beweist.

Eine Berieselung mit kohlensaurem Kalk bringt die auf Felsen von Silicatgestein wohnenden Moose zum Verschwinden.[69] Eine geringe Zufuhr von kohlensaurem Kalk vernichtet auf leichtem Sandboden die natürliche Grasdecke völlig, an ihre Stelle treten besser an die Kalknahrung angepasste Pflanzen.[70] Mohl, welcher jeden Einfluss der chemischen Unterlage in Abrede stellt, spricht von einem schlechten Gedeihen derjenigen Pflanzen, welche von einem kieselsäurehaltigen Boden auf Kalkboden überpflanzt werden.[71]

Einen völlig sicheren Beweis für die Abhängigkeit der Pflanzen von der kalkreichen oder -armen Unterlage bieten die Torfmoore.[72] Man unterscheidet bekanntlich im allgemeinen Hoch- und Wiesenmoore. Nach Sendtner's Angabe ist das Wasser in ersteren kalkarm, das des letzteren kalkreich; an physikalische Unterschiede ist dabei nicht zu denken, namentlich für solche Gewächse, deren Wurzeln beständig im nassen Boden sich befinden: die Hochmoore tragen eine andere Vegetation als die Wiesenmoore, und Versuche haben ergeben, dass die in kalkarmen Mooren vorkommenden Sphagnum squarrosum, cymbifolium, cuspidatum, subsecundum durch ein bischen Kalk getödtet werden.[73] Auch in der Verteilung der Alpenpflanzen zeigt sich ganz entschieden, dass die chemische Unterlage für die Verbreitung der Gewächse ein wichtiger Factor ist. Die Kalkgebirge besitzen eine ganz eigentümliche Vegetation, die sofort ihren Character verliert, wenn die Sandsteine und die ersten Tonschieferlager erscheinen.[74]

Es giebt also Pflanzen, welche an einem kalkreichen Nährboden gebunden sind, und es giebt kalkfeindliche Pflanzen, die entweder sofort bei Zusatz von Kalk zu Grunde gehen oder aber von anderen besser an die Kalknahrung angepassten Gewächsen verdrängt werden, und es giebt Pflanzen, welche auf kalkreichem und -armem Boden gedeihen können.

Da die kalkfeindlichen Pflanzen gewöhnlich auf Sand- oder Tonboden angetroffen werden, so bezeichnete man die kalkfeindlichen Pflanzen als Kiesel- oder Tonpflanzen. Es beruht diese Einteilung aber auf einem Irrtum. Kieselsäure-holde Pflanzen kann es schon deshalb nicht geben, weil die Kieselsäure völlig entbehrlich für die Entwicklung der Pflanzen ist, und es ist ganz undenkbar, dass die Pflanzen von einem Stoffe abhängen sollen, den sie in keiner Weise verwerten können, ebenso verhält es sich mit dem Ton. Was die kalkfeindlichen Pflanzen an den Sand- und Tonschieferboden fesselt, ist nicht das Silicium und der Ton, sondern der Kalireichtum desselben, und ich schlage daher vor, die Pflanzen in Kalkpflanzen, Kalipflanzen, Kalk-Kalipflanzen einzuteilen.[75]

Diese Einteilung ist keine willkürliche, sie beruht auf landwirtschaftlichen Erfahrungen. Man hat in der Praxis bis jetzt zwei Versuche gemacht, die Erträge des Sandbodens zu heben. Man führte Kalkmergelung ein und düngte mit Kalisalzen. Die Kalkmergelung brachte allerdings einige Getreidearten zu besserem Gedeihen, doch wurde sie den echten Sandpflanzen, den Lupinen und der Luzerne schädlich, sodass auf vielen Aeckern diese Pflanzen nicht mehr gediehen und man daher meistens vom Mergeln wieder Abstand nahm.[76]

Die Kalidüngung zeigte das Gegenteil: Während dieselbe auf kalkreichem Boden nur sehr geringe Erträge zu liefern vermochte, wurden mit ihr auf leichtem Sand- und Moorboden sofort durchschlagende Erfolge erzielt,[76] und sie hat sich daher auf diesem Boden siegreich behauptet. Besonders ist es die Lupine, welche die Anwendung des Kainits vorzüglich bezahlt macht, ebenso gut gedeihen die Futterkräuter aus der Familie der Leguminosen (Erbsen, Wicken), ferner Hafer und auch Gerste, d. h. fast alle Pflanzen des leichten Bodens. Sehr interessant ist das Verhalten der dem Sandboden angehörigen Unkräuter gegenüber der Kalidüngung, einem Schreiben des Herrn Schultz-Lupitz entnehme ich darüber folgendes:

„Einheimische Unkräuter sind in Folge der Kalidüngung nur insofern zurückgedrängt worden, als das vermehrte Wachstum der Kulturpflanzen ihren Wuchs durch Wasser- und Lichtentziehung zurückdrückte, mit folgenden Ausnahmen: die Kalidüngung begünstigt auf ungemergeltem (also kalkarmem) Diluvialboden das Wachstum von Holcus mollis und Spergula arvensis sehr erheblich, fast noch erheblicher, als dasjenige der Kulturpflanze (Lupine).“ Also durch die Kalidüngung werden nicht nur nicht die Unkräuter verdrängt, sondern es werden zwei echte Sandpflanzen wesentlich in ihrem Wachstum gefördert: also auch die Unkräuter bestätigen, dass der Sandboden ein Kaliboden ist.

Kalk-Kaliboden findet sich besonders in den Ablagerungen der Flüsse und dann als Kalkglimmerschiefer.

Gelangen Pflanzen von einem Boden auf den andern, so werden sie entweder untergehen, oder sie werden, was viel häufiger ist, variiren. Eine Reihe von Beobachtungen hierüber liegen vor, es ist jedoch zu bemerken, dass diese Veränderungen meistens nicht ausschliesslich dem Kalk oder Kali des Bodens ihre Entstehung verdanken, sondern als Gesammtresultat der Einwirkung sämmtlicher Nährstoffe aufzufassen sind; daher ist auch die Bezeichnung der Gebirgsarten beibehalten. Stur[77] erwähnt folgende Pflanzen,[78] welche man ein und demselben Grundtypus unterordnen kann. Sesleria sphaerocephala *Ard.* als Dolomit-Form, Sesleria microcephala *D. C.* als Form des gemischten Bodens; Valeriana elongata *L.* als Dolomit-Form, Valeriana celtica *L.* als eine Form des gemischten Bodens.

Achillea atrata *L.* als Kalk-Form, Achillea moschata *L.* als Glimmerschiefer-Form.

Prenanthes tenuifolia *All.* als Kohlenschiefer-Form, Prenanthes purpurea *L.* als Form des gemischten Bodens.

Pedicularis foliosa *L.* als Dachsteinkalk-Form, Pedicularis comosa *L.* als Dolomit-Form, Pedicularis Friederici Augusti Tomasini als Nummulitenkalk-Form.

Scrofularia chrysanthemifolia *M. B.* als Dolomit-Form. Scrofularia canina *L.* als Form des gemischten Bodens.

Aretia glacialis Schleich. als Glimmerschiefer-Form, Aretia Pacheri *Leybold* als Kohlenschiefer-Form. Aretia helvetica *L.* als Dachsteinkalk-Form, Aretia Hausmanni *Leybold* als Dolomit-Form.

Androsace lactea *L.* als Kalk-Form, Androsace obtusifolia. *All.* als Schiefer-Form.

Rhododendron hirsutum *L.* als Kalk- und Dolomit-Form.

Rhododendron ferrugineum *L.* als Form des gemischten Bodens.

Oxytropis montana *D. C.* als Kalk-Form, Oxytropis triflora *Hoppe* als Form des gemischten Bodens.

Oxytropis campestris *D. C.* als Glimmerschiefer-Form. Oxytropis Halleri *Bunge* als Form des gemischten Bodens.

Sempervivum Dölleanum *Lehm.* als Kalkglimmerschiefer-Form, Sempervivum arachnoideum *L.* als Glimmerschiefer-Form.

Hutchinsia alpina *R. Br.* als Kalk-Form; Hutchinsia brevicaulis *Hoppe* als Schiefer-Form.

Iberis rotundifolia *L.* als Dachsteinkalk-Form, Iberis cepeaefolia *Wulf.* als Form des erzführenden Dolomits.

Pulsatilla alba *Lob. Rchb.* als Glimmerschiefer-Form, Pulsatilla grandiflora *Hoppe* als Form des gemischten Bodens.

Dianthus alpinus *L.* als Kalk- und Dolomit-Form, Dianthus glacialis *Hänke* als Form des gemischten Bodens.

Nasturtium sylvestre *R. Br.* als Form des gemischten Bodens, Nasturtium lippizense *D. C.* als Hippuritenkalk-Form.

Mercurialis ovata *Hoppe* als Dolomit-Form, Mercurialis perennis als Form des gemischten Bodens.

Höchst beachtenswert ist das Variiren der Oxytropis-Arten auf verschiedenen Bodenarten, wie es Stur nachgewiesen hat.[79]

Auf der Peewurzalp im Ensthale kommt mitten in dem grossen Glimmerschieferzuge eine kleine unbedeutende Einlagerung von körnigem Kalke vor, begleitet von einer noch geringeren Hornblendeschiefer-Einlagerung. Auf dem Kalke fand Stur nebst Scabiosia lucida Vill und Gentiana obtusifolia Willd auch

Oxytropis montana *De C.* in ihrer normalen Form, wie sie am Schneeberge, Hochschwab und Purgus gefunden wird. Auf dem benachbarten Hornblendeschiefer stand nun auch ein Exemplar dieser Oxytropis in Früchten, aber völlig verändert. Sie war dreiblütig (eine Hülse nebst zwei Blüten-Ansätzen), die Blättchen der Blätter waren rundlich zugespitzt, die Hülse breit, tief im Kelche sitzend, die ganze Pflanze von Oxytropis triflora *Hoppe* nur noch durch kräftigeres Aussehen zu unterscheiden.

In der Pollä im Kätschtale in Kärnten entsteht aus den Samen der auf Gneiss und Glimmerschiefer wachsenden Oxytropis campestris *D. C.*, wenn sie in einen aus Kalkglimmerschiefer und Chloritschiefer gemischten Boden gelangen, eine Zwischenform die von Oxytropis campestris *D. C.* und Oxytropis Halleri *Bunge* gleichweit absteht; ja ein Individuum an demselben Orte war im Habitus von Oxytropis Halleri *Bunge* nicht zu unterscheiden. Dieser letztere Fall wird durch das Vorkommen der Oxytropis Halleri *Bunge* auf der Gstemmten-Spitz im Ennstale bestätigt, indem hier auf dem Glimmerschiefer nur diese Form, rundherum aber auf dem Glimmerschiefer nur die Oxytropis campestris *D. C.* gefunden werden kann, und dieser Standort von dem häufigeren Vorkommen der Oxytropis Halleri *Bunge* in den Gegenden des Centralgneisses zu weit entfernt ist, als dass man eine Wanderung dieser Pflanze gerade nur auf die Gstemmten-Spitz annehmen könnte u. s. w.

Diese Beobachtungen wurden auf ein und derselben Stelle gemacht, wo die in Frage stehenden Pflanzen nicht ein einziges Mal über eine Klafter von einander entfernt gestanden sind, es können daher die Veränderungen nur der Veränderung des Bodens zugeschrieben werden.

Aehnliche Veränderungen zeigen insbesondere häufig die Pflanzen aus der Familie der Cruciferen, namentlich die Alyssum-Arten in der unteren Region und die Draben in der oberen Region.“

Auch Unger[80] zählt eine Reihe von Pflanzen auf, welche bei Uebergang von einem Gesteine auf das andere variiren, und solche, welche auf jedem Gestein durch besondere Arten vertreten sind, und es ist ohne Zweifel, dass diese letzteren durch Ausbildung solcher variirenden Arten entstanden sind.

Chlornatrium.

Von anderen Stoffen ist es das Chlornatrium, welches dort, wo es in namhafter Menge auftritt, eine eigentümliche Pflanzenformation, die Hallophyten erzeugt. Die auf einem solchen Boden wachsenden, den verschiedensten Familien angehörigen Arten besitzen eine frappante physiognomische Uebereinstimmung: sie haben dickes, fleischiges, dunkelgrünes, kahles Laub und dergleichen Stengelorgane.

Dass diese Uebereinstimmung im Habitus nur durch das Chlornatrium hervorgerufen wird. zeigt eine Reihe von Gewächsen, welche nur dann im Habitus der Salzpflanzen erscheinen, wenn sie auf Salzboden zu vegetiren gezwungen sind. Viele strandliebende Dolichosarten sind fleischig und kahl, entfernt vom Strande sind sie minder oder garnicht fleischig und behaart. Matricaria inodora, Armeria vulgaris, Salomus Valerandi, Tetrogonolobus siliquosus, Anthyllis Vulneraria etc. und selbst Salsola Kali sind nur auf Salzboden fleischig.[81]

Es nehmen die Hallophyten das im Boden vorhandene Chlornatrium auf, obgleich sie es nicht in organische Substanz umzuwandeln vermögen. In Folge dessen häuft es sich im Organismus der Pflanze an, und da es in hohem Grade die Fähigkeit besitzt, Wasser aufzusaugen und festzuhalten, so entsteht in den Pflanzen Saftreichtum, Spannung der Zellwände und Ausdehnnng des Gewebes sammt der Epidermis.[81] Derart sind die Salzpflanzen entstanden.

Es scheint übrigens der Einfluss des Salzgehaltes im Boden schon innerhalb einer relativ geringen Zeit einen Einfluss auf die Vegetation auszuüben. Als R. von Uechtritz[82] im August des Jahres 1863 den erst kürzlich angelegten Soolgraben des Goczalkowitzer Bades deshalb inspicirte, bemerkte er, soweit der Geschmack des Wassers es als stark salzhaltig documentirte (der Graben geht eine erhebliche Strecke durch Felder), dass an einigen einheimischen Pflanzen Veränderungen bereits wahrnehmbar waren. Atriplex patula zeigte so fleischige Blätter, wie sonst nie auf dem Lande, sondern nur an Salinen oder am Strande, von Lepigonum rubrum war nur die fette, habituell sehr an L. medium erinnernde Salzform und zwar gleichfalls zahlreich vertreten und Plantago major präsentirte sch in der Form P. intermedia Gilibert, P. Winteri Wirtgen. eine auf Salzboden beobachtete Varietät.

Weil für eine Reihe der noch im Uebergang auf den salzhaltigen Boden befindlichen Pflanzen, das Chlornatrium entbehrlich ist, hat man dasselbe für allgemein entbehrlich erklärt, mir scheint diese Ansicht übertrieben. Direct dagegen spricht das Verhalten der im Meerwasser gedeihenden Gewächse.

Bekannt ist der Unterschied in der Vegetation der Nordsee, der Ostsee, der Brackwasser und der süssen Wasser.[83] Die Algen des Meeres sind von denen des süssen Wassers fast durchweg specifisch unterschieden, bei geringerem Salzgehalt werden die Seealgen grösser, spärlicher und gehen in die Formen des Brackwassers über, die wieder zu denen des süssen Wassers den Uebergang vermitteln.[85]

Die höheren Meerthallophyte naber können nicht ohne Chlornatrium gedeihen, ebensowenig die Meerphanerogamen, die Seegräser.[86]

Bei Cultur der Hallophyten im Binnenlande wird das Chlornatrium nicht selten durch Chlorkalium ersetzt, was um so leichter wird geschehen können, da die meisten Hallophyten aus Kalipflanzen entstanden sind.

Andere Stoffe.

Nicht nur sehr wahrscheinlich, sondern absolut sicher ist es, dass auch noch andere Stoffe als die oben erwähnten den Organismus der verschiedenen Pflanzen werden beeinflussen können, falls sie in Menge im Boden vorhanden sind, immer aber wird sich diese Beeinflussung durch bestimmte Gestaltveränderungen nach aussen hin kund thun.

Ich erwähne hier noch Viola lutea var. calaminaria und Thlaspi alpestre var. calaminare[87], welche Formen man der Einwirkung des im Boden ihres Standortes reichlich enthaltenen Zinkes zuzuschreiben geneigt ist.

Vielleicht bewirkt auch starker Eisengehalt im Boden Veränderungen. Leider ist hiervon bis jetzt nichts bekannt.

Zusammenfassung.

Fassen wir zum Schluss die Ergebnisse aller Einzel-Untersuchungen zusammen, so erhalten wir folgende Gesetze:

I. Jede constante Art ist an bestimmte Nahrung gebunden. Sie bleibt constant, so lange ihre Nahrung dieselbe bleibt.

II. Jede Veränderung der Nahrung beeinflusst den Pflanzenorganismus:

a) Zu plötzliche und zu bedeutende Aenderuug der Nahrung oder eines Faktoren derselben führt den Tod der Pflanze herbei.

b) Einer allmählich sich steigernden Veränderung der Nahrung oder eines Nährfaktoren vermag die Pflanze (als belebtes Individuum) zu folgen und so ihr Leben zu erhalten; es geschieht dieses jedoch nur dadurch, dass ihr Organismus die ererbte physiologische und morphologische Structur aufgiebt und eine neue annimmt.

c) Es sind diese Structurveränderungen nicht die Folge innerer, sondern äusserer Ursachen: Durch die Veränderung der Nahrung wird der Pflanzenorganismus in der Ausführung einzelner Funktionen behindert, in der Ausführung anderer wesentlich gefördert, dadurch wird allmählich der ganze Organismus verändert.

d) Der Übergang von einer Nahrung zur andern und die Ausbildung einer neuen constanten Art erfordert viele Generationen.

Abteilung II.

Der Kampf um die Nahrung.

Obgleich erst im nächsten Teile dieses Buches das den Kampf um die Nahrung regulirende Gesetz entwickelt werden kann, will ich hier einige Worte über denselben sagen, hauptsächlich um seine Stellung den anderen Kämpfen gegenüber festzustellen.

Es ist schon früher darauf hingewiesen, dass die Culturpflanzen sich gewissermassen dem Kampfe mit der Nahrung entziehen, trotzdem gedeihen sie auf Culturboden vortrefflich, tragen Blüten und Früchte — allerdings nur solange sie gegen Verunkrautung geschützt sind, d. h. solange sie der Mensch im Kampf um die Nahrung unterstützt; werden sie jedoch, wenn auch nur auf kurze Zeit sich selbst überlassen, so gehen sie mit wenigen Ausnahmen sofort zu Grunde, weil sie nicht die Fähigkeit besitzen mit den dem Culturboden vortrefflich angepassten Unkräutern zu concurriren.

Es gehen also diejenigen Individuen, welche am besten der Nahrung angepasst sind, siegreich aus dem Kampf um die Nahrung hervor.

Man hat dann weiter geschlossen: Unter den Nachkommen der siegreichen Pflanzen findet wiederum ein Kampf um die Nahrung statt und wiederum bleiben die besten bestehen u. s. f. Es findet also durch den Kampf um die Nahrung eine Auswahl unter allen, ein Nahrungsgebiet bewohnenden Pflanzen statt; und zwar werden diejenigen Individuen ausgewählt, welche am besten der Nahrung angepasst sind.[88] Dabei darf dann aber nie vergessen werden: dass die Anpassung an die Nahrung im Kampfe mit der Nahrung geschieht, d. h. jede Formveränderung, welche das einzelne Individuum erleidet, ist nicht eine Folge eines Kampfes mit anderen Individuen, sondern eine Folge seines Kampfes mit der Nahrung. Es ist also ausschliesslich der Kampf mit der Nahrung formgebend, der Kampf um die Nahrung wählt nur die besten der so entstandenen Individuen aus.

Es kann nun allerdings unter gewissen Umständen durch den Kampf um die Nahrung die Anpassung an die Nahrung beschleunigt werden (weil durch Vernichtung der schwächeren Individuen den besser angepassten Raum zur Entwickelung gewährt wird). Es kann aber ebenso gut dieselbe völlig verhindert werden, weil die dem Boden gut angepassten Individuen den andern nicht Zeit lassen sich der Nahrung anzupassen, sondern sie verdrängen. Was aber das wichtigste ist: es bedarf garnicht eines Kampfes mit anderen gleichberechtigten Individuen, damit neue Arten aus alten entstehen, der Uebergang auf ein anderes Nahrungsgebiet genügt, um solche hervorzurufen.

Fassen wir die Sätze zusammen, so erhalten wir folgendes: Allein durch den Kampf mit der Nahrung entstehen neue Individuen; die am besten der Nahrung angepassten verdrängen ihre Mitbewerber (durch den Kampf um die Nahrung findet eine Auslese unter ihnen statt).

Abteilung III.

Der Kampf als Nahrung.

Der Kampf als Nahrung: dass heisst der Kampf, welchen die Pflanze als Nahrung anderer Individuen zu bestehen hat, ist ebenso wie die vorhergehende Art des Daseinskampfes in seiner Wichtigkeit bedeutend überschätzt worden. Beispiele werden diese Behauptung am besten beweisen.

Kerner sagt: „Wenn auch nicht in unmittelbarem Zusammenhang mit Clima und Boden, aber doch gerade hier (bei Besprechung der Alpenflora) erwähnenswert ist der Umstand, dass in der alpinen Region dornige Gewächse vollständig fehlen, sowie dass auch stachliche Gewächse dort zu den grössten Seltenheiten gehören. Beide Erscheinungen sind, mit der geringen Zahl von Tierspecies im Gebiete der alpinen Flora in Verbindung zu bringen. In einem durch reiches Tierleben ausgezeichneten Florengebiet sind jene individuellen Variationen, beziehungsweise jene Arten am meisten im Vorteil, welche durch starrende Dornen und Stacheln geschützt sind, und kein europäisches Florengebiet weist darum auch eine so grosse Zahl von stechenden, mit Nadeln und Stacheln bedeckten Pflanzen der verschiedensten Gattungen auf, als das Gebiet der Mediterranflora, in welchem sich ein so einzig reich gegliedertes Tierleben breit macht.“

Noch frappanter ist folgende Stelle in Kuntze:

„Die Dornen dienen zunächst dazu, gegen weidende Tiere zu schützen, namentlich gegen herdenweise auftretende Hirsche und Antilopen. Die massenhafte Dornbildung in der Kalahariwüste und in Südafrika überhaupt. wird dadurch erklärt. In Ostjava sind Dornausbildungen auf fruchtbarem Lande gemein, lassen sich also nicht durch Steppenklima (?der Verf.) erklären und giebt es im östlichen Teile von Java, der am mindesten bewohnt ist, Herden von mehreren Tausend Hirschen. Dass Dornen ein Erhaltungszustand gegen weidende Tiere sind, lässt sich dadurch beweisen, dass wilde Äpfel, Birnen und Mispeln die Stacheln in Gärten, wo sie deren nicht mehr bedürfen, verlieren, da sie zu beblätterten Zweigen auswachsen . . . . und dann weiter: Überall dort, wo Maquis (Dornbildung) vorherrscht, sind Tiere von der Grösse der Esel, der wilden Pferde, Rehe und Hirsche fehlend. Auch für die Menschen ist es leichter in einen Urwald einzudringen als in die meist dornige Maquisvegetation.“ Also überall dort, wo Hirsche, Rehe, Esel häufig sind, ist Dornbildung gemein, aber wo Dornbildung gemein ist, fehlen die Hirsche, Rehe und Esel. Ist das nicht höchst merkwürdig?

Es fällt mir durchaus nicht ein, zu behaupten, dass die Dornen völlig nutzlos für die Pflanzen sein sollten, ja ich will sogar zugestehen, dass durch die Dornen viele Tiere — aber durchaus nicht alle — von einem Angriff auf die Dornträger zurückgeschreckt werden können, und die so ausgerüsteten Pflanzen dadurch eine grössere Ausbreitung erlangen können, aber entschieden widerspreche ich demjenigen, welcher sagt, dass das Vorkommen der Tiere die Entstehung der Dornen (die Bildung der Dornen) erklärt. Das Vorkommen der Dornen mag damit erklärt werden, die Entstehung der Dornen ist damit nicht erklärt, ebensowenig das Verschwinden derselben. Nicht deshalb. weil die Dornen gegen Tiere nützlich sind, sind sie entstanden. sondern: die Dornen sind entstanden und wurden alsdann nützlich, d. h. man verwechselt beständig Entstehungsursache und Zweck eines Organes.

Ich hätte diese beiden Sätze nicht so ausführlich besprochen. wenn sie nicht typisch wären für die Art, wie man gegenwärtig Naturformen erklärt. Man ist seelenvergnügt, wenn man nur eine Art Nutzen eines Organes gefunden hat, und setzt dann den Nutzen sofort an Stelle der Entstehungsursache; auf die Entstehungsursache selbst zurückzugehen, fällt dann niemand mehr ein: es ist das aber ein Zeichen höchst mangelhaften philosophischen Denkens.[89]

Einige andere Beispiele werden wir später noch besprechen.

Die Wirkung des Kampfes als Nahrung ist dieselbe, wie diejenige des Kampfes um die Nahrung: es werden von den im Kampfe mit der Nahrung entstandenen, neuen Individuen eine Anzahl vernichtet, und dadurch die anderen in ihrer Ausdehnung gefördert, aber eben nur soweit es das Nahrungsgebiet gestattet. denn in beständig feuchten Regionen wachsen keine Dornen. wenn ihnen noch so viel Platz gemacht wird.

Wir sagen daher: Unter denjenigen Individuen, welche sich der Nahrung im Kampfe mit der Nahrung angepasst haben, und die bereits den Kampf um die Nahrung durchgemacht haben. findet nochmals eine Auslese statt, und zwar gehen diejenigen Pflanzen zu Grunde, welche am wenigsten Widerstandskraft gegen die das Nahrungsgebiet bewohnenden Tiere besitzen. Nirgends aber findet eine Formveränderung durch den Kampf als Nahrung statt, ebensowenig wie durch denjenigen um die Nahrung. — Die Nahrung allein ist das Formgebende.

Der Kampf um das Leben bei den Tieren.

Abteilung I.

Vorbetrachtungen.

Bevor wir damit beginnen zu untersuchen, welchen Einfluss der Kampf mit der Nahrung auf den tierischen Organismus auszuüben vermag, wird es von Nutzen sein, festzustellen, welche Ursachen die Trennung der belebten Individuen in Tiere und Pflanzen herbeigeführt haben. „Der wichtigste Unterschied zwischen Pflanzen und Tieren, sagt Häckel,[1] beruht auf den entgegengesetzten physiologisch-chemischen Verhältnissen ihrer Ernährung. Der gesammte Stoffwechsel in beiden Reichen, im grossen und ganzen betrachtet, ist grundverschieden. Die Pflanzen allein besitzen das Vermögen, aus den einfachen chemischen Verbindungen der leblosen anorganischen Natur, aus Wasser, Kohlensäure und Ammoniak, jene verwickelten und höchst zusammengesetzten eiweissartigen Kohlenstoffverbindungen darzustellen, welche als die wahren Träger aller eigentlichen Lebenserscheinungen gelten, vor allem das Protoplasma. Das können die Tiere nicht, sie nehmen die Eiweisskörper, die sie beständig verbrauchen und zersetzen, direkt oder indirekt aus dem Pflanzenreiche.“ —

Wiederum sehen wir die Nahrung im Zusammenhang mit der Gruppirung der Organismen. Es wurde nun im vorigen Abschnitte bewiesen, dass die physiologisch am höchsten entwickelten Pflanzen, die Laubbäume, nur deshalb eine so hohe physiologische Ausbildung besitzen, weil sie am besten ihrer Nahrung angepasst sind, weil ihr Organismus die grösste Arbeitsteilung in Betreff der Nahrungsaufnahme und -Verarbeitung aufzuweisen hatte, und wir wissen ferner, dass die Laubbäume im

Laufe der Zeit aus den niedrigsten einzelligen Thallophyten hervorgegangen sind, welche sich zu hoch entwickelten Thallophyten, zu Thallophyten mit schwimmenden Blättern, zu Landcryptogamen und Landphanerogamen entwickelt haben, dass diese Entwicklung aber nur eine Folge der Differenzirung ihrer Nährstoffe war: gilt bei den Tieren dasselbe Gesetz?

Es fällt hier sofort auf, dass das physiologisch und psychologisch am höchsten entwickelte Tier, der Mensch, ein Allesfresser ist, und zwar ein Allesfresser, der nicht nur die Tiere und Pflanzen seiner Heimat verzehrt, sondern vermöge bestimmter Hilfsmittel auch die Producte ihm völlig fremder Länder. Es übertrifft mithin der Mensch alle anderen Allesfresser an Mannigfaltigkeit in den Nährstoffen, und wir können daher in gewissem Sinne sagen, der Mensch sei von allen anderen Tieren am besten der tierischen Nahrung angepasst.

Wo die Tiere und Pflanzen auf ihrer niedrigsten Stufe morphologisch in einander übergehen, da verschwinden auch die scharfen Unterschiede in der Nahrung.

Es steht ausserdem fest, dass die Tiere ebenso wie die Pflanzen aus den niedrigsten Individuen hervorgegangen sind, erst Wasserbewohner dann Landbewohner wurden.

Wir können daher folgendes Gesetz aufstellen: Die zuerst auf der Erde auftretenden, physiologisch sehr niedrig stehenden, belebten Individuen hatten eine gleiche Nahrung, sie teilten sich allmählich in zwei, immer weiter auseinanderweichende, und sich immer schärfer differenzirende Gruppen, ein Teil derselben passte sich der anorganischen Nahrung an, aus ihnen gingen die Pflanzen hervor, die andere Gruppe lebt ausschliesslich von organischen Stoffen, es sind das die Tiere.

Die physiologische Entwicklung der Pflanzen ist eine Folge der Differenzirung der Pflanzennahrung.

Die Entwickelung der zweiten Formation ist noch nicht bekannt, doch wissen wir bereits, dass die Tiere ähnlich, wie die Pflanzen aus niedrigen Organismen hervorgegangen sind. —

Ich will hier noch eine wichtige Thatsache feststellen: Jedes Tier, auch das omnivorste hat einen begrenzten Nährstoffkreis.

Pflanzen und Tiere, die der einen Art zur Nahrung dienen, bereiten der andern unfehlbar den Untergang. Ein Teil der für den Menschen totbringenden Stoffe hat auf den Organismus des Igels keinen Einfluss. Der für den Menschen giftigste Pilz, Boletus satanas, wird von Insektenlarven ganz durchwühlt gefunden, und der Fliegenpilz sowie der Reizker (Russnla emetica) sind oft kaum halb entfaltet, dann scharen sich schon Fliegen, Käfer und Halbflügler um sie. Das Weidevieh liebt die Pilze, und besonders Ziegen und Schafe verzehren ganze Portionen der uns verdächtigen Schwämme mit bestem Appetit.[2]

Der Genuss von Buchweizen[3], namentlich wenn er in Blüte steht, ist weissen und weissgefleckten Schafen, Schweinen und Rindern äusserst schädlich, während die schwarzen Individuen völlig gesund dabei bleiben u. s. w.[4] — Was ist der Grund für dieses eigentümliche Verhalten verschiedener Organismen gegen dieselben Stoffe? Bis jetzt hat man dafür, so viel ich weiss, keine Erklärung gefunden, und in den meisten Handbüchern der Physiologie wird diese auffallende Thatsache einfach — totgeschwiegen. —

Da bis jetzt nur wenig Thatsachen beobachtet worden sind, welche den Einfluss der Nahrung auf den Organismus der Tiere beweisen, so werden wir vor Besprechung derselben die in jeder Wissenschaft völlig berechtigte, und auch in der Naturforschung oft mit Erfolg benutzte „vergleichende Methode“ anwenden, werden die einzelnen Familien, Gattungen und Arten der Tiere in Betreff ihrer Nahrung und ihrer physiologischen und psychologischen Fähigkeiten vergleichen, uud dann erst sollen die bisjetzt vorhandenen, den Kampf mit der Nahrung beweisenden Thatsachen zur Prüfung der durch die Vergleichung erhaltenen Gesetze herangezogen werden: so werden wir am besten zu sicheren positiven Resultaten gelangen.

Beginnen wir die Vergleichung mit den Articulaten, Klasse der Insekten, Ord. Coleoptera.[5]

Unter den Käfern verdient ohne Zweifel die Familie der Laufkäfer, Carabiden, den ersten Rang, da sie nicht nur die physiologisch am besten entwickelten, sondern auch die intelligentesten Käfergattungen enthält. Sämmtliche Laufkäfer sind von schlankem Körperbau. mit schlanken. zum Laufen vorzüglich geeigneten Beinen, besitzen kräftige. scharf gezähnte Oberkiefer: sind gewandt. stark und geschickt. fressen andere Insekten. Obenan steht die Gattung Cicindela: langbeinig. sehr schlank. ausserordentlich flüchtig.

Die Calosoma-Arten klettern sehr geschickt auf Zweigen und Blättern umher. erwürgen Raupen und Puppen. Die Larven von C. sycophanta laufen sehr hurtig auf Fichtenstämmen herum und fressen die Spinnenweibchen. — Flinke Insekten sind die Elaphrinen. welche an Wasserrändern Insekten jagen.

Von den Schwimmkäfern, Dytisciden. den ins Wasser übergegangenen Laufkäfern, sind besonders die Dytisciden sehr lebhaft. sehr räuberisch und gefrässig. Sie fressen Fischleich (Verf.). greifen sogar Fische und Salamander an (Verf.), jedoch ernähren sie sich hauptsächlich von Mollusken und Wasserinsekten. zur Not auch von Aas. Die Larve bildet eine deutliche Analogie mit Myrmelionen-Larven, mit denen sie gleichen Aufenthalt und gleiche Nahrung hat.

Fam. Hydrophiliden: Körper plump, massiv, ähnlich den Dytisciden, weichen von diesen durch Unbeholfenheit im Schwimmen und durch ihre Nahrung, die aus Vegetabilien besteht. sehr wesentlich ab; auf letztere deutet schon die Form des Darmkanals hin, welcher ganz dem der Lamellicornen gleicht.

Fam. Histerini: Körper kurz gedrungen. Diese Käfer nach ihrer Form, ihrer harten Körperbedeckung, ihrem trägen Gange die wahren Schildkröten unter den Insekten leben hauptsächlich in Mist und Cadavern, einige unter Baumrinde. Wenn man sie ergreifen will, ziehen sie die Beine und Fühler ein und stellen sich todt.

Fam. Silphiden. Sind Aaskäfer, welche sich überall an Cadavern finden, einerseits um davon zu zehren, andererseits um Eier abzulegen. Die meisten sind hurtig, fliegen weit und schnell.

Fam. Dermestini auf abgestorbenen tierischen Stoffen. stellen sich todt.

Fam. Staphylinen mit langgestrecktem, sehr beweglichem Körper, verkürzten Flügeldecken. Habitus den Ohrwürmern ähnlich, meist kleine, räuberische, gewandte Insekten; besonders von Insekten (Ameisen) teils von modernden Stoffen und selbst von Blütensäften lebend.

Fam. Lamellicornia, Körper robust, massiv. Diese Familie enthält die kolossalsten Mitglieder, entweder phytophag oder coprophag. Träge Geschöpfe. (Verf.

Fam. Buprestiden, Körper länglich, nach hinten zugespitzt, bei der Mehrzahl flachgedrückt; von trägem, unbeholfenem Gang, sind dagegen äusserst flugfertig. Auf Blüten. Die im Holz lebenden Larven sind auffallend den Cerambyciden-Larven ähnlich, mit denen sie gemeinschaftlich leben.

Fam. Elateriden. Pflanzennahrung, sollen jedoch animalische Kost nicht verschmähen. Käfer wenig intelligent, lassen sich fallen oder schnellen sich empor.

Fam. Cleriden. Körper schlank, eingeschnürt, teils auf Blüten teils an Holzwänden, wo sie die Gänge anderer Insekten des Raubes wegen heimsuchen.

Fam. Xylophagen. Körper cylindrisch, mehr oder weniger lang gestreckt, von geringer Grösse. Worunter sich einige todt stellen.

Fam. Mordellina. Kleine, sehr nach hinten verschmälerte, selbst scharf zugespitzte Arten. Auf geschlagenem Holze oder Blüten. Sehr hurtig laufend und fliegend.

Fam. Rhipiphoriden. Käfer auf Blüten, flüchtig.

Fam. Canthariden. Einige auf Blüten. Meloe phytophag, sehr plump und träge.

Fam. Oedermeriden. Käfer von gestrecktem, schmalem Körper mit langen dünnen Fühlern, den Cerambyciden, mit denen sie von älteren Autoren oft vermengt worden sind, im Habitus sehr ähnlich. Die Käfer auf Blüten anzutreffen.

Fam. Curculionen. Rüsselkäfer. In den verschiedensten Gestalten von der schmalsten Linie bis zur Kugelform, sind entweder Honigsauger, dann schmal, oder phytophag dann kugelig. Wenig intelligent, die meisten sitzen still auf Blättern, angegriffen ziehen sie die Beine ein und lassen sich fallen. (Verf.)

Fam. Chrysomelinen (Phytophaga Kirby) Körper kurz und gedrungen, oft kugelig, Kopf mehr oder weniger vom Thorax eingeschlossen. Mit den Cerambyciden verwandt, schliessen sich diesen durch einige schlanker gebaute Formen (Donacia, Lema) an. Träge Tiere, die sich entweder fallen lassen, oder an den Blättern unbeweglich festsitzen (Cassida).

Fam. Coccinellin'a Blattläuse fressend. Käfer hurtig (Verf.) trotz ihrer anscheinenden Plumpheit.

Ein zusammenfassender Ueberblick über dieses Verzeichnis lehrt, dass diejenigen Käfer, welche Fleischnahrung (andere Insekten) verzehren, ohne Ausnahme gewandte, lebhafte und kühne Arten sind, welche sich ihren Feinden durch Schnelligkeit entziehn, oder sich mutig verteidigen. Sie sind aber auch physiologisch hervorragend, sind von schlankem Körperbau, mit gut differenzirten Gliedern.

Ihnen am nächsten stehen die von süssen Säften (Nektar) lebenden Individuen. Sie besitzen einen gestreckten Körper, der sich nach hinten scharf zuspitzt, sind gute Flieger, lebhaft, kommen jedoch in geistiger Begabung den Fleischfressers durchaus nicht gleich.

Viel tiefer stehn die Blattfresser. Ihr Körper ist plump, der Hinterleib kugelig oder doch im Verhältnis zu den anderen Segmenten sehr gross. Diese Käfer sind träge, geistig kaum oder garnicht rege, dem Feinde setzen sie keinen Widerstand entgegen, lassen sich höchstens fallen.

Ich mache hier schon darauf aufmerksam, dass, wie es scheint, physiologische und psychologische Entwicklung beständig Hand in Hand gehn.

Ord. Hymenoptera.

Insecten mit vollkommener Verwandlung.

Apiariae mit ziemlich starkem Hinterleibe, lebhaft.

Fam. Vespariae. Von den Bienen im allgemeinen durch schlankeren und fast nackten Körper unterschieden; Honig,

Früchte, Fleisch, Zucker geniessend. Die Hymenoptera aculeata zeichnen sich ins gesammt durch die hohe Entwicklung ihrer intellectuellen Fähigkeiten aus. Lulbock sagt: die Bienenartigen (besser Wespenartigen) Insekten und Ameisen stehen geistig dem Menschen am nächsten von allen Tieren.[6] Auch physiologisch stehen diese Tiere sehr hoch. Die drei Segmente sind scharf von einander getrennt, die Beine sehr frei beweglich. Der Hinterleib gestielt d. h. mittels eines vom ersten oder den beiden ersten Segmenten gebildeten Stieles am Hinterrücken eingelenkt, der Kopf immer freibeweglich.

Die Arten der Fam. Crabronina leben von Insekten, ebenso ihre Larven, und zwar wählt jede Art besondere Insekten zur Nahrung.

Fam. Pompiliden stimmt mit der vorigen in Bau und Lebensweise überein.

Fam. Formicariae. Wie schon erwähnt die intelligentesten Insekten, ebenso morphologisch vorzüglich entwickelt. Die Nahrung besteht in pflanzlichen und tierischen Stoffen. Selbst Frösche, welche man auf ihre Bauten setzt, werden getödtet, und in kurzer Zeit bis auf die Knochen abgenagt. (Verf.) Allesfresser.

B. Hymenoptera entomophaga. Hinterleib gestielt, der der Weibchen mit Legebohrer, die Imagines sollen nur wenig Nahrung (Nektar) zu sich nehmen.

C. Hymenoptera phytophaga.

Hinterleib sitzend. Leben meistens von Pflanzensäften. (?)

Ordnung Lepidoptera.

Die Imagines leben von Säften.

Die Tagfalter haben einen schmächtigen, spindelförmigen oder linearen Hinterleib, grosse Flügel, sicheren, ruhigen, oft schwebenden Flug.

Die Sphingiden und viele Nachtfalter haben robusten, meist kegelförmig zugespitzten Hinterleib. Flügel sehr kräftig; pfeilschnell schiessender Flug; besuchen starkduftende Blüten.

Ord. Diptera (Zweiflügler).

1. Fam. Tipulariae. Sehr lange Beine, weichen Körper. Sind Schmarotzer.

2. Fam Tabanina. Fliegen mit grossem, breitem, niedergedrücktem Körper und oft auffallend grossem, besonders breitem Kopfe, schwachen Beinen. Die Männchen an Baumstämmen ruhend, die Weibchen besonders im Sonnenschein unter starkem Summen fliegend; oft längere Zeit in der Luft stehend. Schmarotzer an Menschen und Tieren, geistig stumpf (Verf.).

3. Fam. Asilina. Oft von robustem, oft von schlankem Körper sind diese Insekten mit kräftigen Beinen und besonders mit sehr scharfen und zugleich starken Mundteilen versehen, beide auf Fang und Mord anderer Insekten, dem sie ausschliesslich obliegen, eingerichtet. Sie lauern auf ihre Beute an sonnigen Planken und Wegen, schiessen in kurzem, aber schnellem Fluge auf dieselben los, ergreifen sie mit den Beinen, bohren ihnen den Rüssel in ihren Leib, um sie auszusaugen. Ihre Beute besteht in Insekten aller Ordnungen, selbst die grösseren, wie Libellen nicht ausgenommen.

Fam. Empidae. In Gestalt und geistigen Fähigkeiten ebenso Nahrung den vorigen gleiche, nur kleinere Insekten.

Fam. Inflata. Kopf sehr gross, kugelig, ganz von den Augen eingenommen. Thorax und Hinterleib gross, blasig aufgetrieben, ebenso auffallend gestaltete, als in ihrer Lebensweise eigentümliche Dipteren; die einheimischen Arten, denen der Rüssel fehlt, gehen nie nach Nahrung aus, sondern sind äusserst träge. und sitzen am Tage an dürren Baumzweigen angeklammert, von denen sie sich selbst durch Berührung kaum aufscheuchen lassen. Die Arten mit langem Rüssel saugen Blütensäfte.

Fam. Bombyliiden. Schwebfliegen. Rüssel fadenförmig, zuweilen von Körperlänge, Beine lang und zart. Eigentümlich gestaltete und gefärbte Fliegen, man sieht dieselben häufig mit zitternden Flügelschwingungen (nach Art der Sphingiden) über Blüten und dicht über dem Erdboden schweben. Gehen ausschliesslich der Blütennahrung nach.

Syrphiden. Von hurtigem, oft mit starkem pfeifenden oder summenden Geräusch verbundenem Fluge, sie gehen den Blüten nach. Bald mit sehr schlankem und fast nacktem, bald von breitem, robusten, rauchhaarigen Körper, welcher letztere ihnen oft ein bienen- oder hummelartiges Ansehen verleiht.

Fam. Coriacea. Körper hornig, flach gedrückt, Flügel zuweilen verkümmert. Auffallend gestaltete und durch ihr hurtiges Laufen an die Spinnen erinnernde Insekten. Sie sind Schmarotzer, leben nach Art der Läuse und Zecken auf der Körperhaut von Säugetieren und Vögeln.

Fam. Pediculidae Flügellos, plump. Schmarotzer.

Ord. Orthoptera.

Fam. Mantodea. Körper lang gestreckt, Kopf frei, Prothorax meist stark in die Länge gezogen. Leben von anderen Insekten und selbst gelegentlich von Amphibien. Die Kraft, welche sie in ihren Raubbeinen besitzen, ist ausserordentlich. Ergriffen wehren sie sich sehr heftig und ritzen die Haut mit Leichtigkeit wund.

Fam. Phasmodea. Gespenstheuschrecken, sind träge, sich langsam fortbewegende Tiere, welche sich besonders nachts von Pflanzen nähren.

Myrmecophila, Insektenfresser, ausserordentlich hurtig.

Fam. Grylloidea, Körper walzig, animalische Nahrung.

Locustina, Laubheuschrecken. Hurtige Tiere (Verf.) Die Nahrung der Laubheuschrecken ist keineswegs ausschliesslich vegetabilisch, sondern zum Teil und vorwiegend animalisch, wie Beobachtungen von ihrem geschickten Fliegenfangen vermittelst der Vorderbeine, vom Verzehren kleiner Raupen beweisen.

Fam. Acridiodea. Feldheuschrecken. Die Tiere fliegen kurze Strecken mit schnurrendem Geräusch, um sich dann wieder niederzulassen. Ausschliesslich vegetabilische Nahrung.

Fam. Forficulina. Von Blüten und saftigen Früchten lebend, Hinterleib lang gestreckt, nach hinten in der Regel erweitert, unbedeckt. Schnelle Tiere, ähneln den Staphylinen.

Fam. Perlaria. Insekten von trägem, wenig ausdauerndem Fluge, die meist in der Nähe fliessenden Wassers an Pflanzen sitzend getroffen werden.

Fam. Ephemeriden. Die Verkümmerung der Mundteile deutet darauf hin, dass sie keine Nahrung während ihres kurzen Daseins zu sich nehmen. Zarte, träge Geschöpfe.

Pam. Libellulina, kühner, anhaltender Flug. Leben ausschliesslich von anderen Insekten, die sie in der Luft fangen. Langer, beweglicher und dünner Leib. Kopf ganz frei, wendbar. Prothorax sehr schmal, Meso- und Metathorax gross. Hinterleib langgestreckt.

Ord. Neuroptera.

Der Körper der Neuropteren ist lang und schmächtig.

Fam. Megaloptera, darin: Myrmoleon, Ameisenlöwe. äusserst träge und meist an Zweigen angeklammert festsitzend. Von besonderem Interesse sind die Larven dieser Familie, die sich durch ihre intellectuellen Fähigkeiten in sehr bemerkenswerter Weise vor dem entwickelten Insekte auszeichnen; die List, deren sich einige zur Erbeutung ihrer Opfer bedienen, hat in der Insektenwelt kaum ihres gleichen.

Fam. Panorpinen. Skorpionsfliegen. Raubtiere, welche sich zum Teil in schnellem, sprungartigem Flug am Tage auf grössere Insekten stürzen (Panorpa), oder sich in der Dämmerung an Zweige hängen und die ihnen entgegen fliegende Beute mit den langen Tarsen der Hinterbeine ergreifen (Bittacus).

Fam. Trichoptera. Mundteile verkümmert, nicht zum Kauen befähigt.

Fam. Phryganeodea. Träge Insekten, die nur aufgescheucht sich erheben.

Ord. Hemiptera.

Nahrung der Larven und Insekten ausschliesslich aus Säften, die sie vorwiegend aus Vegetabilien, zum Teil auch aus tierischen Organismen aussaugen. Der Mehrzahl nach von geringer Flugfähigkeit und selbst flügellos. Selten ihre Flügel zur Fortbewegung benutzend, sind die meisten leichtfüssig gebaut und zu einem hurtigen Gang befähigt (Land- und Schreitwanzen). Andere mit Sprungbeinen, und viele im Wasser lebende mit Ruderbeinen versehn. — Sie sind Schmarotzer, da sie ihre Beute nicht töten, sondern nur berauben.

Fam. Capsini. Zarte Arten, an Körper und Deckflügeln weichhäutig. Wanzen von geringer Grösse und meist matter Färbung.

Fam. Psyllodes, Blattflöhe. Kleine Insekten, welche vermöge ihrer verdickten Schenkel sehr munter von Blatt zu Blatt springen, meist an bestimmte Pflanzen gebunden.

Fam. Aphidien, Blattläuse, sehr gering entwickelte Tiere.

Fam. Coccina, Schildläuse. Männchen mit verkümmerten Hinterflügeln, Weibchen flügellos, schildförmig oder kugelig. Die Weibchen sind dadurch bemerkenswert, dass sie gleich den niedrigsten parasitischen Crustaceen nur im Larvenzustande die Charaktere der Ordnung und des Gliedertieres überhaupt deutlich erkennen lassen, dagegen im Geschlechtsalter dieselben völlig entbehren. Die Verkümmerung der Beine und das Verschwinden der Segmente an dem blasig aufgetriebenen Körper verleiht ihnen mehr das Aussehn von pflanzlichen Gewächsen als von Tieren.

Fam. Ploteres, Wasserläufer. Mittel- und Hinterbeine verlängert, Körper schmal; Insekten, welche mit grosser Schnelligkeit auf der Oberfläche des Wassers entlang gleiten, indem sie die verlängerten Beine dabei von sich strecken. Ihre Nahrung besteht in anderen Insekten, welche sie während ihres Umherkreisens fangen.

Fam. Nepini, Wasserscorpione. Vorderbeine zum Raube, die hinteren zum Gehen und Schwimmen eingerichtet, einige den Dytisciden ähnlich.

Die ganze Klasse der Insekten bestätigt die bei der Betrachtung der Coleopteren aufgestellten Sätze:

Alle zoophagen Individuen sind physiologisch und psychologisch vorzüglich ausgebildet; die Phytophagen sind plumpe Gesellen mit geringen geistigen Fähigkeiten.

Weit übertreffen jedoch die Allesfresser (Vespiden und Ameisen) sämmtliche Mitglieder der Klasse; sie sind nicht nur physiologisch, sondern auch psychologisch die vollkommensten Insekten.

Auch hier gehen physiologische und psychologische Entwicklung Hand in Hand.

Besonderes Interesse verdienen in diesem Verzeichnisse noch diejenigen Imagines, welche gar keine Nahrung zu sich nehmen, verkümmerte Mundwerkzeuge besitzen und nur der Fortpflanzung leben, und zweitens die Schmarotzer, welche trotz gleicher Nahrung bedeutend von einander abweichen, aber doch deutliche Analogien aufweisen; sie mögen hier noch einmal kurz wiederholt werden:

Tabanina mit grossem, breitem, niedergedrücktem Körper, schwerfälligem Flug. Tipularia, zarte Tiere mit weichem Körper. Ihnen entsprechen aus der Familie der Hemipteren die Land- und Schreitwanzen, die Mehrzahl derselben mit geringer Flugkraft. Capsini, zarte Arten, an Körper und Deckflügeln weichhäutig.

Tiefer stehen die Lausfliegen (Coriacea), Körper hornig, flach gedrückt; Hinterleib dehnbar; Flügel bisweilen verkümmert. Diesen entsprechen unter den Hemipteren die Bettwanzen, mit Gangbeinen, flügellos; und unter den Arachniden Ixodes marginata.

Noch tiefer stehen unter den Dipteren die Läuse, welche flügellos und weichhäutig sind. Ihnen entsprechen die Blattläuse (Aphidien), die Schildläuse (Coccina). Bei letzteren die Männchen mit verkümmerten Hinterflügeln, die Weibchen flügellos und dadurch bemerkenswert, dass sie gleich den niedersten Crustaceen nur im Larvenzustande die Charaktere der Ordnung und des Gliedertieres überhaupt zeigen. —

Schon bei den schmarotzenden Pflanzen haben wir gesehen, dass Individuen, welche gleiche Nahrung haben und Analogien in ihrem Baue bieten, oft die Stufen eines bestimmten Entwicklungsgesetzes zum Ausdruck bringen, denn die in der

Reihe am wenigsten beeinflussten Bionten, zeigen nur deshalb so geringe Umwandlungen, weil sie kürzere Zeit als die Inhaber der nächsten Stufe die betreffende Lebensweise führen. Die letzteren haben einst auch auf der Stufe ihrer Vorgänger gestanden, sind dann aber weiter vorgerückt, und werden einst eine noch tiefere Stufe einnehmen, als sie zur Zeit inne haben. Aus den verschiedensten Entwicklungsstufen kann man somit den Gang der Entwicklung herleiten; in vorliegendem Falle lautet das Gesetz folgendermassen:

Der Körper derjenigen Insekten, welche ein Schmarotzerleben beginnen, wird weichhäutig; der Hinterleib natürlicherweise zuerst, ebendasselbe Schicksal erleiden die Flügel, der Flug wird dadurch schwerfällig. Während bis dahin das Individuum sich willkürlich das Nährtier wählte, ist es nun gezwungen, auf ein und demselben beständig zu verweilen; die nächste Folge davon ist eine völlige Verkümmerung der Flügel. Noch bewegt sich das Tier auf den Beinen ziemlich schnell fort, aber nach und nach werden auch die anderen Segmente weichhäutig und verkümmern, ausserdem erlangt die Haut des Hinterleibes grosse Dehnbarkeit, derselbe schwillt während der Nahrungsaufnahme stark an und erschwert die Fortbewegung noch mehr; damit verlieren auch die Beine ihre Funktion, das Tier wird zu einem blutsaugenden Sacke, der nur noch im Embryonal- oder Larvenstadium die Abstammung erkennen lässt. Damit ist der Schmarotzer auf seiner letzten Entwicklungsstufe angelangt.

Klasse: Vögel.[7]

1. Ord. Papageien Psittacini.

Die Papageien sind befiederte Affen, stehen also morphologisch sehr hoch. Brehm nennt sie: die am höchsten stehenden Vögel. — Die geistige Begabung der Papageien ist sehr verschieden. „Es besteht, sagt Gustav Jäger,[8] zwischen den niedrigsten Sperlingspapageien und den Inseparabiles einerseits und den echten Papageien andererseits ein ähnlicher Unterschied in der Intelligenz wie zwischen den

Eichhornaffen und den menschenähnlichen Primaten. — Die höchsten Arten besitzen alle Eigenschaften und Leidenschaften der Affen, die guten sowohl wie die schlechten."

Die Nahrung der Papageien besteht vorzugsweise aus Früchten und Sämereien — wie die der Affen (Verf.). Viele Loris nähren sich fast nur von Blütenhonig und Blütenstaub, vielleicht auch von Kerbtieren, welche in den Blütenkelchen sitzen, und einige Kakadus nehmen gern Kerbtierlarven, Würmer und dergleichen zu sich. Die Schwarzsittiche fressen Früchte und Körner sowohl wie Knospen und Baumblüten. Ueberhaupt ist es garnicht unwahrscheinlich, fährt Brehm fort, dass die grossen Arten der Ordnung — welche die intelligentesten sind (Verf.) — weit mehr tierische Nahrung verzehren, als wir glauben, dafür scheint der Blutdurst gewisser Papageien zu sprechen, ebenso die Gier, welche Gefangene nach Fleischkost an den Tag legen. — Es sind die intelligentesten Papageien also Allesfresser. (Verf.)

II. Ord. Leichtschnäbler, Levirostres.

Fam. Pfefferfresser, Ramphastidae. Muntere, bewegliche, kluge Geschöpfe, haben Aehnlichkeit mit den Krähen. Fliegen gut, springen in grossen Sätzen, und leisten im Durchschlüpfen der Bäume vorzügliches. Früchte dienen ihnen zur Nahrung. Doch sollen sie Nester plündern. In der Gefangenschaft sind sie Allesfresser und vielleicht sind sie es auch in der Freiheit.

Fam. Hornvögel, Bucerotidae. Leib gestreckt, der lange Schnabel sehr leicht. Kopf verhältnismässig sehr klein. Mehrzahl hat ungeschickten Gang, bewegt sich mit bedeutender Gewandtheit in den Zweigen. der Flug ist gut. Geistige Begabung nicht genau bekannt; vorsichtige, scheue, achtsame, mit einem Worte kluge Geschöpfe. Nahrung gemischter Art. Sie greifen wenn, sie können kleine Wirbeltiere an, nehmen sogar Aas zu sich, fressen verschiedene Früchte und Körner.

Fam. Alcedinidae. Kräftiger Leib, grosser Kopf, kurze oder mittellange Füsse. Wie alle Fischervögel, sind die Alcedinidae stille, grämliche Gesellen. Im Fliegen ungeschickt, tauchen und schwimmen ein wenig. Eigentlich klug sind sie nicht, besitzen unbegrenztes Mistrauen. Fische, Kerbtiere bilden ihre Nahrung.

Fam. Pici. Leib gestreckt, Füsse stark. Fliegen gut, klettern sehr geschickt. Kerbtiernahrung. Die Spechte sind heiter und fröhlich, dabei klug.

Lieste. Halcyoninae. Entwickelte Flugwerkzeuge, die Beine stärker und hochläufig. Gewandt und zierlich im Fluge; von erhabenem Standpunkte aus überschauen sie mit aufmerksamem Blick die Gegend, fliegen auf die Beute zu und kehren mit derselben zurück. Ihre Nahrung besteht in Kerbtieren, raublustig.

Fam. Bienenfresser, Meropidae. Leib gestreckt, Füsse klein, Flügel lang, alle ungemein friedliche Tiere. Streichen in der Luft umher. bei trüber Witterung machen sie von Baumzweigen aus Jagd.

Fam. Raken. Coraciadae. Kerbtiere werden vom Baume aus eingefangen, dazwischen kleine Säugetiere und Lurche; zu gewissen Zeiten verzehren sie auch Früchte, obgleich tierische Nahrung immer die bevorzugte bleibt. Alle sind unruhige, unstete Vögel, ausserordentlich scheu, üben wachsamste Vorsicht, frohe Munterkeit und Unbändigkeit. Gewandter, schneller, ausserordentlich leichter Flug.

Fam. Caprimulgidae. Leib gestreckt, Beine schwach, Kerbtiere verschiedener Art bilden die ausschliessliche Nahrung. Einige streichen mit der Gewandtheit der Falken und Schwalben durch die Luft. Die geistigen Fähigkeiten sind sehr gering, wenn auch wahrscheinlich nicht in dem Grade, als man gewöhnlich anzunehmen pflegt.

Fam. Segler, Cypselidae. Besitzen Aehnlichkeit mit den Schwalben, mit denen sie gleiche Nahrung haben. Jagen pfeilschnell durch die Luft, auf dem Boden können sie nicht gehen, kaum kriechen. Raublustige, stürmische, hastige Geschöpfe.

Ord. Schwirrvögel, Stridores.

Der Leib lang gestreckt, auffallend kleine und zierliche Füsse, die Flügel sind lang. Sie fangen Insekten im Fluge in der Luft, oder sammeln sie schwebend aus den Blüten. Auf dem Boden können sie sich nicht fortbewegen.

Ord. Raubvögel, Accipitres.

Fast alle nähren sich ausschliesslich von anderen Tieren.

Fam. Falconidae. Fuss bald kurz und stark, bald lang und schwach. Flügel gross. Sind schnelle, ja die schnellsten Flieger, welche wir kennen. Die Mehrzahl bewegt sich nur ungeschickt auf dem Boden und auf Bäumen. Die geistigen Eigenschaften gehen mit der leiblichen Begabung Hand in Hand. Sie sind geistig begabt, mutig und selbstbewusst, freilich auch gierig, grausam, dabei listig und sogar tückisch. Sie handeln, nachdem sie vorher wohl überlegt haben und führen Pläne aus.

Fam. Vulturidae. Füsse kräftig, Flügel ausserordentlich gross. Stimmen sonst mit den Falken überein. Ihre geistige Befähigung gering. Sie sind scheu, jedoch selten vorsichtig, jähzornig und heftig, aber auch kühn, bissig und böswillig, dabei aber feig. Fressen Aas und Kot.

Fam. Stringidae. Besitzen sehr schlanken Leib, Beine mittellang. Schneller Flug, auf dem Boden meistens ungeschickt. Keine Eule ist klug, alle sind scheu und vorsichtig, verstehen nicht zwischen wirklicher und vermeintlicher Gefahr zu unterscheiden. Sind jähzornig, blindwütend und grausam. Fressen kleine Säugetiere. Die grossen greifen auch grössere Säugetiere an. Die meisten fressen Mäuse und Spitzmäuse, ausnahmsweise Wiesel, Vögel und Käfer.

Sperlingsvögel, Passeres.

Fam. Drosselvögel, Turdinae. Mit schlankem Leibe, grossem Kopfe, mittellangen Flügeln und hochläufigen Füssen.

Alle Tiere sind munter, gewandt, unruhig, flüchtig, bewegungslustig, hurtig. Die meisten fliegen und hüpfen gleich gut. Ebenso sind sie geistig hochbegabt. Kerbtiere, zumal Larven, allerlei sonstiges Gewürm, in weitesten Sinne des Wortes, bilden ihre Nahrung, zur Fruchtzeit geniessen sie nebenbei Früchte und Sämereien.

Fam. Lerchen, Alaudidae. Kräftig gebaut. Fliegen gut, laufen vorzüglich. Ihr Verstand ist gering. Sind lebhaft, selten ruhig, andere Tiere fürchten sie sehr. Die Nahrung besteht aus Kerbtieren und Pflanzenstoffen. Während des Sommers nähren sie sich von Käfern, Schmetterlingen u. s. w., im Herbste fressen sie Getreidekörner und Sämereien, im Frühjahr Schösslinge des Getreides.

Fam. Fringilliden. Alle Finken zählen zu den begabten Singvögeln, wenn der Volksmund von einzelnen auch das Gegenteil behauptet. Sind sehr geschickte Hüpfer, gute Flieger. Ihre geistigen Fähigkeiten geben denen der meisten übrigen Sperlingsarten nichts nach. Sämereien der verschiedensten Art und Kerbtiere bilden ihre Nahrung.

Ammern, Emberizinae. Dickleibige Sperlingsvögel. Gehören nicht zu den beweglichsten und begabtesten Finken; sie sind meist träge und friedlich. Nähren sich hauptsächlich von Sämereien, im Sommer zeitweise vorzugsweise von Insekten.

Die Gimpel, Pyrrhulinae, fressen Körner und Sämereien und Blattspitzen. Ihre Bewegungen sind meist ziemlich ungeschickt, stehen daher anderen Finken durchschnittlich nach, auch in geistiger Beziehung.

Loxiniinae. Kreuzschnäbel. Gedrungen gebaute Vögel, kleiner Kopf; plump, starke Füsse; klettern gut. Fliegen schnell und verhältnissmässig leicht, obwohl nicht weit. Ihr Fang und ihre Jagd machen keine Schwierigkeit. Das Männchen bleibt auf dem Aste sitzen, von dem das Weibchen heruntergeschossen ist; harmlos. Sämereien der Waldbäume bilden ihre Nahrung, nebenbei Kerbtiere.

Fam. Staare, Sturnidae. Mittelgrosse, gedrungen

gebaute, langflügliche Vögel, ziemlich starke Füsse. Gehen wackelnd, aber gut, fliegen leicht und bewegen sich mit vielem Geschick. Alle Arten sind lebhaft, unruhig, ununterbrochen beschäftigte Vögel. Ihre Nahruug besteht in Kerbtieren, Würmern und Schnecken, zum Teil in Früchten und anderen Pflanzenteilen.

Es giebt vielleicht keine Vögel, welche heiterer und fröhlicher wären, dabei sind sie gelehrig und klug.

Fam. Raben, Corviden. Sie vereinigen so zu sagen alle Begabungen in sich, welche Gliedern ihrer Ordnung eigen sind. Sie gehen gut, fliegen leicht und auch hurtig, besitzen sehr gleichmässig entwickelte Sinne und stehen hinsichtlich ihres Verstandes unter keinem ihrer Ordnungsverwandten, vielleicht hinter keinem Vogel zurück. Sie sind Allesfresser im eigentlichen Sinne des Wortes.

Der Kolkrabe, Corvus corax, nimmt den ersten Rang unter ihnen ein. Er ist leiblich und geistig ausgezeichnet begabt.

Es giebt keinen Vogel weiter, welcher in gleichem Grade wie der Rabe Allesfresser genannt werden kann. Man hat behauptet, dass er buchstäblich nichts Geniessbares verschmäht. Ihm munden Früchte, Körner und andere Pflanzenstoffe aller Art, aber er ist auch Raubvogel ersten Ranges. Nicht Kerbtiere, Schnecken, Würmer und dergleichen Wirbeltiere allein sind es, denen er den Krieg erklärt, er greift dreist Säugetiere und Vögel an, welche ihn an Grösse übertreffen, er raubt Nester aus und frisst Aas. Frechheit und List, Klugheit und Gewandheit vereinigen sich in ihm, um ihn zu einem wahrhaft furchtbaren Räuber zu stempeln, dabei ist er sehr mutig.

Der Rabe lässt sich abrichten, wie ein Hund, sogar auf Tiere und Menschen hetzen. Führt die tollsten und lustigsten Streiche aus, ersinnt fortwährend neues und nimmt an Weisheit zu. Er lernt trefflich sprechen, ahmt die Worte in richtiger Betonung nach und wendet sie mit Verstand an. Es genügt zu sagen, dass der Vogel „wahren Menschenverstand“

beweist. Wer Tieren den Verstand abschwatzen will, braucht nur längere Zeit einen Raben zu beobachten. Derselbe wird ihm beweisen, dass die abgeschmackten Redensarten von Instinct, unbewussten Trieben und alldergleichen nicht einmal für die Klasse der Vögel Giltigkeit haben.

Fam. Würger, Laniidae. Gehören zu den mutigsten, raubsüchtigsten und mordlustigsten Vögeln. Ihre Begabungen sind nicht besonders ausgezeichnet, aber sehr mannigfaltig. Ihr Flug ist schlecht und unregelmässig, ihr Gang hüpfend. Nahrung Kerbthiere. stellen aber auch kleinerem Geflügel nach.

Fam. Hirundiniden. Zierliche Gestalt, der Fuss kurz und schwach, der Flügel lang. Sind leiblich und geistig wohl befähigt. Der Flug ist ihre eigentliche Bewegung, ihr Gang meist ungeschickt, sie sind klug und verständig. Alle Schwalben sind Kerbtierjäger.

Fam. Muscicapiden, Myriagrinae, Paridae, ebenso Caerebiden und Nectariniden sind muntere, geistig und leiblich befähigte Tiere, sind Kerbtierfresser.

Kropfvögel, Gymnoderinae. Leib kräftig, Füsse stark und kurz, nur zum Sitzen geeignet, nähren sich fast ausschliesslich von saftigen Früchten. Leben in der Regel einsam, sind träge und dumm, aber scheu und furchtsam.

Cotinquinae. Starke Füsse. Haben ein ernst-trauriges, stilles Wesen, sitzen lange unbeweglich. Nähren sich nicht von Kerbtieren, sondern blos von Beeren und anderen Baumfrüchten.

Der Pflanzenmäder, Phytotoma Rara, besitzt grosse Trägheit und Sorglosigkeit. Von zwei neben einander sitzenden schoss Brehm den einen, der andere blieb ruhig sitzen, bis er ebenfalls dran kam.

VII. Ord. Girrvögel, Gyratores.

Mittelgross, kleinköpfig, haben kurze, sehr muskelkräftige Füsse, sie gehen gut und sind morphologisch wohl begabt. Diejenigen, welche am besten zu Fusse sind, fliegen am schlechtesten. Die Mehrzahl besitzt einen sehr schnellen und reissenden Flug. Der Verstand ist oft überschätzt worden. Die Girrvögel sind scheu und vorsichtig, unterscheiden aber nicht mit derselben Schärfe wie andere Vögel zwischen Feind und Freund. Beurteilungsgabe gering, doch übertreffen die Girrvögel in geistiger Beziehung entschieden alle eigentlichen Laufvögel. Sie nehmen ihre Nahrung fast ausschliesslich aus dem Pflanzenreiche, im Kropfe einzelner Arten hat man Gehäusschnecken, Würmer und Raupen gefunden, auch fressen sie ihre eigenen Läuse. Die Angehörigen gewisser Familien nähren sich von Beeren und Waldfrüchten.

VIII. Ord. Scharrvögel, Rasores.

Sind kräftig, selbst schwerfällig gebaute, kurzflüglige und starkbeinige Vögel. Kopf klein. Die Beine sind die wichtigsten Bewegungswerkzeuge der Scharrvögel. Sie sind vorzugsweise Pflanzenfresser und nehmen mit Stoffen vorlieb. welche nur Raupen oder höchstens einzelne Wiederkäuer mit ihnen teilen, doch verzehren sie auch Insekten und selbst Frösche.

Die Scharrvögel sind nicht begabt. Ihre geistigen Fähigkeiten sind gering. Sie fliegen schlecht und alle scheuen das Wasser, doch sind sie vollendete Läufer.

IX. Ord. Kurzflügler, Brevipennes.

Der Leib besitzt gewaltige Grösse; das Bein ist ungemein entwickelt, der Schenkel sehr kräftig, dickmuskelig; der Flügel verkümmert, zum Fliegen untauglich. Ueber ihre geistigen Fähigkeiten lässt sich kein günstiges Urteil fällen; alle bekannten Arten sind ungemein scheu und fliehen ängstlich die Annäherung eines Menschen, handeln aber ohne Ueberlegung, sind überhaupt störrisch, boshaft und wenig oder nicht bildsam. Nahrung: Pflanzenstoffe und Klein-Getier.

X. Ord. Stelzvögel, Grallatores.

Die Stelzvögel sind Raubvögel, keiner verschmäht tierische Nahrung; viele wetteifern an Mordgier mit den blutdürstigsten Räubern von Gewerbe. Sie begnügen sich keineswegs mit niederen Tieren, sondern rauben die verschiedensten Wirbeltiere. Diejenigen, welche rasch laufen, pflegen auch schnell zu fliegen, die welche langsam schreiten. mit langsamem Flügelschlage die Luft zu durchziehen. Sinn und Verstand müssen bei den meisten als sehr entwickelt angesehen werden. Klugheit. Urteilsfähigkeit und Bildsamkeit beweisen alle.

XI. Ord. Zahnschnäbler. Lamellirostres.

Entvögel, Anatidae. Leib kräftig, aber etwas lang gestreckt; Fuss mittelhoch. flinke Gänger; schwimmen mit Geschick; Flugfähigkeit nicht unbedeutend. An Verstand stehen die Zahnschnäbler nicht hinter den begabtesten Stelzvögeln zurück, übertreffen aber hierin alle übrigen Schwimmvögel. Sie bethätigen List und Verschlagenheit, beurteilen Verhältnisse richtig, sind scheu und vorsichtig. Tierische und pflanzliche Stoffe bilden die Nahrung der Zahnschnäbler.

XII. Ord. Seeflieger, Longipennes.

Entwicklung der Schwingen auf Kosten der Füsse ist das bezeichnende Merkmal der Seeflieger. Fliegen eminent leicht. Sie stürzen von oben herab auf die Beute. Walfischaas, wie grosse und kaum sichtbare Krebse. Fische wie Quallen u. s. w. dienen ihnen zur Nahrung. Alle Küstenvögel benehmen sich klug und vorsichtig, betrachten andere Tiere mit scheelen Augen. Die Weltmeervögel erscheinen uns geistlos, dummdreist und einfältig, ob sie wirklich so dumm sind. als wir glauben, möchte sehr zu bezweifeln sein.

XIII. Ord. Ruderfüssler, Steganopodes.

Stoss- und Schwimmtaucher unter ihnen. Alle Sinne sind gut entwickelt; ihre geistigen Fähigkeiten dagegen ziemlich gering; doch zeigen sich einige abrichtungsfähig. Neidisch, habsüchtig. auch boshaft und tückisch und dabei feig sind sie.

Die Klasse der Vögel bestätigt, die bei der Betrachtung der Insekten gefundenen Gesetze:

Darüber herrscht kein Zweifel, dass die Allesfresser unter denselben. die Raben und Papageien nicht nur physiologisch sondern auch psychologisch am höchsten stehen.

Auch sind im allgemeinen die Zoophagen morphologisch und psychologisch gut entwickelt. Brehm führt allerdings einige an, deren geistige Fähigkeiten nur gering sind, und die deshalb hier Erwähnung finden müssen:

Die Bartkukuke. Bucconiden, haben einen kräftigen. dicken Leib, sehr grossen Kopf und schwächliche Füsse. Trägheit, Faulheit und Dummheit sind hervorstechende Züge ihres Wesens. Ihre Nahrung besteht aus Kerbtieren. welche sie von einem festen Sitze aus fangen.

Die Glanzvögel, Galbuliden. sind träge, gleichgültige Geschöpfe. Fressen nur Schmetterlinge.

Todus multicolor. Erscheint mehr dumm als es der Fall ist; wenn man ihn in der Nähe beobachtet, bemerkt man bald, dass die hellglänzenden Augen hin und her gehen u. s. w. Insektenfresser.

Leider ist die Nahrung dieser Tiere nicht näher untersucht, es scheint jedoch als wären dieselben monophag oder wenigstens fast monophag; es wäre dann die Dummheit dieser Tiere berechtigt. denn wenn die Allesfresser am höchsten begabt sind, werden die andern Tiere um so besser entwickelt sein, je reicher ihr Nährstoffkreis ist, — nur der Mangel an Material hielt mich ab, sie darauf hin zu untersuchen —, dann werden aber selbst tierfressende Monophage nicht viel Begabung mehr zeigen; doch werden sie immer noch besser entwickelt sein als monophage Pflanzenfresser.

Am tiefsten stehen unter den Zoophagen die Fischfresser. —

Die Zoophagen treten in zwei allerdings durch zahlreiche Zwischenglieder verbundenen Formationen auf: die eine Gruppe zeigt ausserordentlich entwickelte Flügel und besitzt in Folge dessen einen sehr schnellen Flug, die Beine dagegen sind kurz und meistens so schwach und verkümmert, dass sie zum Gehen bereits unbrauchbar geworden sind. Auf dieser Stufe stehen die Accipitres, Hirundiniden, Longipennes, Meropiden, Caprimulgiden, Cypseliden und Stridores. Alle diese Individuen fangen ihre Beute in der Luft. —

Die zweite Formation besitzt dünne, langläufige, häufig sehr langläufige Beine, trotzdem haben sie ihre Flugfähigkeit nicht eingebüsst. Es sind Tiere, welche auf dem Boden oder auf Bäumen ihre Nahrung suchen: Gypogeranus serpentarius, Passeres. Sylviden, Motacilliden, Muscicapiden und Grallatores.

Die echten Pflanzenfresser sind auch bei den Vögeln physiologisch und psychologisch von geringen Fähigkeiten. Der Leib ist gewöhnlich plump, die Beine sind stark und kräftig, die Flügel verkümmert. Auch hier giebt es natürlicherweise verschiedene Abstufungen, je reicher bei ihnen der Nährstoffkreis ist, desto höher stehen sie. Die hauptsächlich von süssen Früchten lebenden Vögel: Papageien zum Teil, und die Fruchttauben sind sehr schnell und lebhaft.

Klasse Säugetiere: Mammalia.[8]

Mensch, Homo sapiens, das am höchsten entwickelte Tier, ist Allesfresser.

Hochtiere Catarrhini stehen morphologisch neben dem Menschen. Die Affen sind boshaft, listig, tückisch, zornig oder wütend, rachsüchtig, sinnig in jeder Hinsicht, zänkisch, herrsch- u. raufsüchtig, reizbar, kurz leidenschaftlich, klug und munter, sanft, mutig, Spielerei und Neckerei liebend. Die geistige Ausbildung, welche die Affen erreichen können, erhebt sie zwar nicht hoch über die übrigen Säugetiere, stellt sie aber nicht so tief unter den Menschen, als von anderer Seite angenommen wird. Ihr Nachahmungstrieb erleichtert es ihnen, irgend eine Kunst oder Fertigkeit zu erlernen, daher eignen sie sich verschiedene Fertigkeiten an, doch sind sie sehr wetterwendisch. Sie können trotz ihres Verstandes auf die albernste Weise überlistet werden.

Ihnen ist alles geniessbare recht (?): Früchte, Zwiebeln, Knollen, Wurzeln, Sämereien, Nüsse, Knospen, Blätter und saftige Früchte bilden den Hauptteil ihrer Nahrung. Ein Kerbtier wird nicht verschmäht, und Eier sowie junge Vögel sind Leckerbissen. —

Fam. Krallenaffen: Arctopitheci. Schlanken Leib, kurze Gliedmassen, krallenartige Hände. Immer unruhig. Brehm hält sie für in hohem Grade beschränkte Geschöpfe, deren geistige Fähigkeiten schwerlich über die gleich grosser Nager sich erheben dürften. Wie letztere sehen sie klüger aus als sie sind. Sie folgen den Eingebungen des Augenblicks und vergessen das, was sie eben beschäftigte, sofort, wenn ein neuer Gegenstand sie irgendwie erregt. Ängstlich, mistrauisch, verschlossen, kleinlich und vergesslich, handelt der Krallenaffe ohne Selbstbewusstsein, den Eingebungen des Augenblicks willenlos sich hingebend. Er besitzt alle Eigenschaften eines Feiglings. Verschiedene Früchte, Samen, Pflanzenblättchen und Blüten bilden einen Teil der Nahrung, nebenbei aber stellen sie mit dem grössten Eifer allerlei Kleingetier nach, Kerbtieren, Spinnen und dergleichen. Jedenfalls sind sie mehr als alle übrigen Affen Raubtiere.

II. Ord. Halbaffen. Prosimii. Alle Arten sind Baumtiere.

Ausserordentliche Behändigkeit und Gewandheit im Gezweige zeichnet die einen, langsame, sichere und unmerkliche Bewegungen die anderen aus. Früchte, Sämereien, Knospen bilden die Nahrung der einen, Kerb- und kleine Wirbeltiere die der anderen. Von den einen werden nachts alle Kletter- und Springkünste, alle Gaukeleien, welche Affen auszuführen vermögen, noch überboten. Alle schleichenden Arten sind bedächtig und berechnend. Sie sind scheu und furchtsam, obgleich sie mutig sich wehren, wenn man sie fängt. Ihre geistigen Fähigkeiten sind gering.

Ord. Flattertiere, Chiroptera.

Morphologisch für das Leben in der Luft eingerichtet. Die geistigen Fähigkeiten sind keineswegs gering. Das Hirn ist gross und besitzt Windungen, wodurch schon angedeutet wird, dass ihr Verstand kein geringer sein kann. Alle zeichnen sich durch

Gedächtnis und durch verständige Ueberlegung aus, durch Sorgsamkeit im Aufsuchen ihrer Wohnung und Schlauheit den Feinden gegenüber. Es gilt dieses alles jedoch nur für die Insektenfresser, welche zuweilen auch Wirbeltiere verzehren. (Verf.)

Die Fruchtfresser, Pteropina. Sind harmlose und gemütliche Tiere, von bedeutender Grösse. Hängen tagüber an Bäumen. Sind dann sehr furchtsam, und ergreifen die Flucht, sobald sie etwas Verdächtiges bemerken. Ein heftiger Donnerschlag bringt sie in Verzweiflung. Sie stürzen ohne weiteres von oben zur Erde herab, rennen hier im tollsten Eifer durcheinander, klettern an erhabenen Gegenständen empor nnd fliegen davon. Sie saugen saftige Früchte aus.

Ord. Raubtiere: Carnivora.

Die Raubtiere zeigen ein völliges Ebenmass in allen Gliedern. Ihre Gliedmassen stehen mit dem Leibe und unter sich in einhelligem Verhältnis. Alle Sinneswerkzeuge bekunden eine hohe Entwicklung.

Die Katzen. Felidae. Sind die vollendetsten Raubtiergestalten. Jeder einzelne Leibesteil ist anmutig und zierlich. Stehen geistig hinter den Hunden zurück. Ruhige Besonnenheit, ausdauernde List, Blutgier und Tollkühnheit zeichnen sie aus. Rein carnivore Tiere.

Hunde. Canidae. Leiblich stehen sie hinter den Katzen zurück (? Verf.), geistig übertreffen sie dieselben entschieden. stehen an Wildheit, Mordlust und Blutgier unbedingt hinter den Katzen zurück, bekunden vielmehr eine mehr oder weniger ausgesprochene Gutmütigkeit. Sind vortreffliche Läufer und besitzen unglaubliche Ausdauer, schwimmen ohne Ausnahme. Die tiefstehenden Arten bekunden eine bemerkenswerte List und Schlauheit, zum Teil auf Kosten des Gemütes. Der zahme Hund nnd der wilde Fuchs handeln mit vernünftiger Überlegung und führen sorgfältig durchdachte Pläne aus, deren Ergebnisse sie mit grösst möglicher Sicherheit im voraus abschätzen.

Die Nahrung besteht hauptsächlich aus tierischen Stoffen, zumal aus Säugetieren und Vögeln, ausserdem geniessen sie

Lurche, Fische, Schaltiere, Krebse. Honig, Kerbtiere. Obst, Feld- und Gartenfrüchte, ja sogar Baumknospen, Wurzeln, Gras und Moos u. s. w. Sie sind also fast Allesfresser.

Hyäniden. Morphologisch tiefer stehend als die anderen Raubtiere. Sind ausschliesslich Fleischfresser, greifen aber nur selten Tiere an, sondern nähren sich von den Ueberbleibseln der Nahrung anderer Tiere und stinkendem Aase. Sind immer erbärmlich feig und furchtsam, greifen nur völlig widerstandslose Tiere an und auch diese nur von der Seite.

Bären, Ursidae. Die massigste Gestalt der Gesammtheit, doch steht der Bär physiologisch sehr hoch, da er in gewissem Sinne sämmtliche Fähigkeiten der Säugetiere vereinigt. Sein Lauf ist trotz seines gemächlichen Ganges sehr schnell, ausserdem versteht er trefflich zu schwimmen und geschickt zu klettern, er vermag selbst an steilen Wänden empor zu steigen, dabei vermag er sich aufzurichten und so eine Strecke zurückzulegen. Dass der ganze Organismus in Folge dessen plump erscheint. ist wohl nicht wunderbar; einen Organismus darf man aber nicht nach dem Aussehen beurteilen. sondern nach dem, was er leistet. (Verf.)

Die Bären sind Allesfresser im vollsten Sinne des Wortes, trotzdem scheinen sie befähigt zu sein, lange Zeit allein aus dem Pflanzenreiche sich zu nähren. Nicht nur essbare Früchte und Beeren werden von ihnen verzehrt, sondern auch Gräser, Baumknospen, Blütenkätzchen u. s. w. Sie scheinen Pflanzennahrung der Fleischnahrung vorzuziehen. Sie sind keine Kostverächter, denn sie fressen alles, was geniessbar ist, ausser Pflanzen auch Tiere, und zwar Krebse und Muscheln, Würmer, Kerbtiere und deren Larven, Fische, Vögel und deren Eier, Säugetiere und Aas. Die geistigen Fähigkeiten sind sehr widersprechend beurteilt worden. Brehm nennt die Bären geistlos, fügt aber hinzu, dass andere Forscher sehr günstig über sie geurteilt haben. „Man würde irren, sagt Jäger,[9] wenn man dem Bären geringe Verstandeskräfte zuschreiben wollte. Wie bei dem Tyroler, steckt hinter seiner Hartköpfigkeit eine nicht geringe Schlauheit u. s. w.“

Besonders interessant ist, was Brehm über Ursusarctos sagt: Mit der hier und da bevorzugten Nahrung steht, wie erklärlich, schreibt er, das Wesen des Tieres vollständig im Einklang: Der pflanzenfressende Bär ist ein feiger und furchtsamer Gesell, der räuberisch auftretende wird zu einem gefährlichen Gegner der Menschen und der von ihm bedrohten Tiere. Auch scheint er nach der Nahrung in viele Varietäten zu zerfallen. So unterscheidet man den hochgestellten, langbeinigen, gestreckten, hochstirnigen, langköpfigen und langschnauzigen Aasbären (Ursus cadaverinus), dessen schlichter Pelz ins Fahle und Grauliche spielt, mit seinen Spielarten (U. normalis, U. grandis, U. collaris), und den niedriger gestellten, dickbeinigen, gedrungen gebauten, breitköpfigen, flachstirnigen und kurzschnauzigen Braun- oder Ameisenbären (U. formicarius) u. s. w.

Ursus cinereus. Grislibär. Ist fast rein carnivor und greift den Menschen selbst ungereizt an. Klettert nur in der Jugend.

Ursus malayanus. Ist Pflanzenfresser und klettert von allen Bären am geschicktesten. Ist ein harmloses Geschöpf, thut keinem Tiere was, und ist dumm, sehr dumm. Plump gebaut.

Ursus labiatus. Kennzeichen: kurzer, dicker Leib, kurze und dicke Beine und hiess früher „bärenartiges Faultier,“ Plump und schwerfällig. Fast ausschliesslich Pflanzenstoffe und wirbellose Tiere, verschiedene Wurzeln, Immennester bilden seine Nahrung. Sind stumpfgeistig.

Klein-Bären, Subursina. Procyon Lotor. Klettern, schwimmen, laufen ausgezeichnet. Geistig sehr rege. Allesfresser.

Ord. Nager, Kerbjäger, Insectivora.

Auffallende Verkümmerung oder auffallende Vergrösserung einzelner Teile ist das characterische Merkmal dieser Ordnung. Der Leib gedrungen, Kopf gestreckt, Nase rüsselförmig, Gliedmassen verkürzt. Mit dieser Leibesbildung stehen die geistigen Fähigkeiten und die Lebensgewohnheiten in Einklang. Die Kerbtierfresser sind stumpfe, mürrische, mistrauische, scheue, heftige, raubsüchtige und mordlustige Gesellen. Sie sind mehr Raubtiere, als Katzen und Hunde.

Ord. Nager, Rodentia.

Sciurina, Hörnchen. Ihr Leib ist gestreckt, das vordere Beinpaar merklich kürzer als das hintere. Alle Hörnchen sind sehr lebhaft, schnell und behend, sowohl auf den Bäumen als auf dem Boden. Fast alle klettern und springen vorzüglich. Sie sind aufmerksam, scheu, furchtsam und flüchten bei der geringsten Gefahr. Alle fressen zwar mit Vorliebe und zeitweilig ausschliesslich Pflanzennahrung, verschmähen aber auch nicht Fleischnahrung, überfallen schwächere Säugetiere, jagen eifrig Vögel und Insekten. Aehnliche Nahrung und ähnlichen Bau besitzen die Schlafmäuse Myoxina.

Unterfamilie Biber, Castorina. Plump. Der dicke, kurze Leib ruht mit dem Bauche auf dem Boden. Von den Beinen merkt man kaum etwas. Beim Gehen wird ein Bein um das andere bewegt, denn der fast auf der Erde ruhende Bauch lässt eine rasche Bewegung nicht zu. In grösster Gefahr führt der Biber Sätze aus, die an Plumpheit und Ungeschick die aller übrigen bekannten Säugetiere übertreffen. Schwimmen gut. Pflanzennahrung. Ueber den Grad des Verstandes des Bibers kann man verschiedener Ansicht sein; so viel wird man zugestehen und anerkennen müssen, dass er innerhalb seiner Ordnung die höchste Stelle einnimmt. (??)

Fam. Springmäuse, Dipodida. Der hintere Teil des Körpers ist verstärkt, die Hinterbeine überragen die vorderen wohl dreimal an Länge. Der Hals dick und unbeweglich. Sie führen nur auf den Hinterbeinen sich fortbewegend, grosse Sprünge aus und ergreifen mit rasender Schnelligkeit die Flucht. Sie sind äusserst scheu und furchtsam, dabei scharfsinnig. Ihre Nahrung besteht in Wurzeln, Zwiebeln, mancherlei Körnern und Samen, Früchten, Blättern u. s. w. Einige verzehren auch Kerbtiere.

Mäuse, Murina. Entschieden die begabtesten Tiere ihrer Ordnung (Verf.). Physiologisch gut entwickelt. Können vortrefflich laufen, springen, klettern, schwimmen, gewandt und behend in allen Bewegungen. Sind ziemlich klug und vorsichtig, ebenso aber auch dreist, frech, unverschämt, listig und mutig.

alle Sinne durchwegs fein. Ihre Nahrung besteht aus allen essbaren Stoffen des Pflanzen- und Tierreiches, von letzteren verzehren sie hauptsächlich Kerfe und kleine Vögel und selbst Säugetiere.

Wühlmäuse, Arvicola. Plumper Körperbau, dicker Kopf. Ihre Nahrung nehmen sie vorzugsweise aus dem Pflanzenreiche. Im übrigen ähneln sie den wirklichen Mäusen sehr, sind jedoch nicht so behend und gewandt wie jene.

Unterordnung. Histrichidae. Stachelschweine. Der Leib gedrungen, Kopf dick, Beine ziemlich lang. Ihre Bewegungen sind langsam, gemessen. träge, zumal die kletternden Arten leisten erstaunliches in der gewiss schweren Kunst. stunden- und tagelang bewegungslos auf einer und derselben Stelle zu verharren. Sie sind dumm und wenig empfindlich, boshaft, jähzornig, ängstlich, scheu und furchtsam. Allerlei Pflanzenteile. von der Wurzel an bis zur Frucht, bilden die Nahrung der Stachelschweine.

Ord. Zahnarme, Edentata.

Fam. Faultiere, Bradypoda. Sehr niedrig stehende, stumpfe und träge, einen wahrhaft kläglichen Eindruck auf den Menschen machende Geschöpfe. Die vorderen Gliedmassen sind bedeutend länger als die hinteren, die Füsse mehr oder weniger Misbildungen. Das Hirn klein. Kriechen von einem Zweige zum anderen. Ihr Gang ist ein mühsames Fortschleppen des Leibes. Mit weit vor sich gestreckten Gliedern, auf den Ellenbogen gestützt, die einzelnen Beine langsam im Kreise weiter bewegend. schiebt es sich höchst allmählich vorwärts; der Bauch schleppt dabei fast auf der Erde, die Bewegungen sind unglaublich langsam. Die Sinne sind gleichmässig stumpf. Sehr tief stehen auch die geistigen Fähigkeiten der Faultiere. Sie zeigen nur Stumpfheit, Dummheit und Gleichgültigkeit.

Gürteltiere, Dasypodina. Plumpe Geschöpfe, kurze Füsse, sehr starke Grabkrallen. Ihre Nahrung besteht in Kerbtieren, hauptsächlich Ameisen. Langsamer Schritt. schnell behend beim Graben, sie verstehen das letztere so gut, das sie buchstäblich vor den Augen sich vergraben können. Schwimmen gut. Harmlose, friedliche Geschöpfe von stumpfen Sinnen, ohne irgend welche hervorragende geistigende Fähigkeiten.

Nicht höher, vielleicht noch tiefer stehen die (monophagen) Ameisenfresser, Entomophaga, und Schuppentiere, Manididae.

Ord. Einhufer, Solidungula.

Schön gestaltete Tiere mit kräftigen Gliedern. Leib gerundet. Alle Pferde sind muntere, lebhafte, bewegliche, kluge (??) Tiere. Ihre Bewegungen sind anmutig und stolz. Friedlich und gutmütig, weichen sie den Menschen und den grösseren Raubtieren mit ängstlicher Scheu aus, verteidigen sich im Notfalle durch Schlagen und Beissen. Alle Pferde sind furchtsam, zuweilen ergreift die wilden ein ungeheurer Schreck, sie rennen dann blind gegen Felsen an und zerschellen sich in Abgründen.

Sie sind Steppentiere und nähren sich von Gräsern und Kräutern.

Ord. Wiederkäuer, Ruminantia.

Teils plumpe, teils zierliche Tiere. Fast alle Wiederkäuer sind scheue, flüchtige, friedliche, leiblich sehr wohl ausgerüstete. geistig beschränkte Tiere. Ihre Nahrung besteht ausschliesslich in Pflanzen. In gezähmtem Zustande sind sie nicht klug, aber folgsam, geduldig und genügsam.

Zierlichere Arten sind: die Moschiden. Bewohnen die felsigsten Gegenden, rauhe Gebirge. Sehr wählerisch in Betreff der Nahrung. Hirsche, Cervina, und Antilopina. Die meisten lieben die Ebenen, besonders Steppen, sie geniessen nicht nur andere Kräuter, wie die mit ihnen gleiche Wohnorte teilenden Einhufer, sondern jede Art scheint ein besonderes Lieblingsfutter zu haben und dieses bedingt ihren Aufenthalt. Die meisten leben in Gegenden, die so unfruchtbar sind, dass man glauben könnte, es könne darin kaum eine Heuschrecke Nahrung finden, sie steigen bis in die Schneeregion hinauf. Ziegen und Schafe, Gebirgstiere. Die Rinder, Bovina, sind grosse, schwerfällige

Wiederkäuer. Ihr Gerippe zeigt sehr plumpe und kräftige Formen. Ihre gewöhnliche Bewegung ist ein langsamer Schritt, fallen zuweilen in einen unbeholfenen Galopp, der sie ziemlich schnell fördert. Die geistigen Fähigkeiten sind gering; doch bekunden die wilden weit mehr Verstand, als die zahmen. Im allgemeinen sanft und zutraulich, zeigen sie sich auch überaus wild, (wohl nur die Stiere! Verf.) trotzig, mutig, greifen gereizt unter Todesverachtung alle Raubtiere an und bleiben nicht selten Sieger.

Ord. Vielhufer, Multungula.

Besitzen plumpen, massigen Leibesbau, die Glieder sind kurz und dick. Alle Knochen sind schwer und massig.

Rüsseltiere, Prosbosciden. Die Elephanten sind nicht so plump als sie aussehen, klettern gut. Der wild lebende Elephant bekundet mehr Einfalt als Klugheit. Seine Geistesfähigkeiten erheben sich kaum zur List. Anfänglich will es dem Beobachter scheinen, als wäre er das stumpfsinnigste aller Geschöpfe. Er ist sehr friedlich und harmlos, dabei ängstlich und scheu. Doch besitzt er überlegenden Verstand, ist klug, im Umgange mit dem Menschen entwickelt sich der Verstand unseres Dickhäuters zuletzt zu einer wahrhaft bewunderungswürdigen Höhe. Er gehört zu den klügsten Säugetieren.

Die Tapire, Tapirina. Plump gebaut. Gutmütig, furchtsam und friedlich, nur im höchsten Notfall macht er von seinen Waffen Gebrauch. Fliehen vor dem kleinsten Hunde.

Schweine, Setigera. Erscheinen im Verhältnis zu den anderen Dickhäutern wenig plump. Beine schlank und dünn. Ihr Gang ist ziemlich rasch, ihr Lauf schnell. Vorsichtig und scheu, greifen sogar ohne alle Ursache den Menschen an. Die Schweine nähren sich von allem möglichen Geniessbarem: Pflanzen, Kerbtiere und deren Larven, Schnecken, Mäuse, Lurche, selbst Fische und Aas bilden ihre Nahrung.

Ord. Robben, Pinnipedia.

Wasserbewohner. Jede Wendung und Drehung, jede Ortsveränderung überhaupt, führen sie im Wasser mit grösster Schnelligkeit und Sicherheit aus; können sich jedoch auch auf dem Lande fortbewegen. In unbewohnten Gegenden behäbige, in bewohnten äusserst scheue Geschöpfe. Die Jungen sind lebhafte, spiellustige und fröhliche Geschöpfe, die Alten träge und mürrisch. Tierische Stoffe: Fische, Schaltiere, Kruster bilden die Nahrung der Robben. Viele der Robben sind begabte Tiere, mutig und kampflustig, das Walross greift selbst Menschen an.

Ord. Sirenen, Sirenia.

Plumpe, dickleibige Tiere. Sind träge, stumpfsinnig und schwachgeistig, man nennt sie friedlich und harmlos und will damit sagen, dass sie nichts weiter thun, als fressen und ruhen. Weder furchtsam noch kühn, bekümmern sie sich um nichts als ihre Nahrung. Sie halten sich nur in flachem Wasser auf. Ihre Nahrung besteht aus Tangen und Gräsern.

Ord. Waltiere, Cetacea.

Ausschliesslich Wassertiere. Tauchen spielend auf und nieder, schwimmen meisterhaft und mit unvergleichlicher Schnelligkeit, können sich dabei über das Wasser empor schnellen. Die Zahnwale sind Raubtiere, verteidigen sich angegriffen sehr mutig, und sind kühn und räuberisch. Die grösseren nähren sich von kleineren Meerestieren und verteidigen sich durch unbändige Bewegungen.

Ord. Beuteltiere, Marsupialia.

Die Beuteltiere stehen morphologisch und geistig tief unter den anderen Säugetieren, sie sind die letzten Nachkommen vergangener Schöpfungsabschnitte, Anfangssäugetiere. Aber auch bei ihnen zeigen sich physiolog. und psych. Unterschiede je nach der Nahrung. Die Raubbeuteltiere sind schlank gebaute Tiere, einige bewegen sich sehr geschickt auf dem Boden, andere klettern vorzüglich. Die Landtiere fressen Muscheln, Fische, Aas und Landtiere, die Baumbewohner jagen auf Vögel, Kerbtiere. Die erstern sind kühn, blutdürstig, grausam, listig und unzähmbar, die Lebensgewohnheiten der letzteren sind noch nicht sicher erforscht, doch sind einige derselben als blutdürstig bekannt. [10]

Die Fruchtfresser, Carpophaga, Phalangistiden. Sämmtlich Baumtiere. Früchte, Blätter und Knospen bilden ihre Nahrung. Einige nehmen Vögel, andere auch Kerbtiere zu sich. Einige sind langsam und behutsam, die anderen lebendig und sehr behend. Alle können vortrefflich klettern und weite Sprünge ausführen. Sie sind sanft, harmlos, furchtsam.

Phascolarctus cinereus ist ein träges Tier, man hat es australisches Faultier genannt. Es ist sehr langsam und nur selten verlässt es die Bäume, auf dem Boden bewegt es sich noch schwerfälliger fort. Weiden junge Blätter und Schösslinge ab. Mehr als stumpf, gut und friedlich, lassen sich mit leichter Mühe fangen und beissen nie.

Grasfressende Beuteltiere; Poëphaga. Ihr Leib nimmt von vorn nach hinten an Umfang zu, denn der entwickelste Teil des Körpers ist die Lendengegend wegen der in merkwürdigem Grade verstärkten Hinterglieder. Diesen gegenüber sind Kopf und Brust ungemein verschmächtigt. Der hintere Teil des Körpers vermittelt fast ausschliesslich die Bewegung; dieselbe ist satzweise. Die vorderen Beine sind stummelhafte Greifwerkzeuge geworden, und werden gewissermassen wie Hände gebraucht. Sie leben auf grasreichen Ebenen. Sie sind geistlose Geschöpfe, selbst ein Schaf ist ihnen geistig überlegen.

Die Klasse der Säugetiere bestätigt im allgemeinen die bei der Betrachtung der anderen Tierklassen gefundenen Gesetze: Der allesfressende Mensch ist das physiologisch und psychologisch am höchsten stehende Säugetier.

Der Bär, welcher hier noch als Allesfresser in Betracht kommen könnte, steht physiologisch sehr hoch, doch ist er eigentlich nicht mehr Allesfresser, sondern hat sich in viele Arten gespalten, welche je nach der Nahrung verschiedene geistige Eigenschaften besitzen.

Die Fleischfresser sind geistig wohl begabt und morphologisch gut, wenn auch meist einseitig entwickelt.

Die Pflanzenfresser sind leiblich und geistig wenig begabt,

doch giebt es hier Ausnahmen: Die Antilopen und Pferde besitzen einen schlanken, zierlichen Körperbau, wenn sie auch durchaus nicht die Beweglichkeit besitzen, welche die Raubtiere auszeichnet. —

Die Pferde und Elephanten sollen zu den klügsten aller Säugetiere gehören. Dieser Satz ist jedoch nicht unanfechtbar, und wird noch einer gehörigen Nachprüfung bedürfen.

Die Fruchtfresser, Affen hauptsächlich, sind sehr beweglich, ebenso wie die Papageien und Fruchttauben.

Die monophagen Individuen stehen geistig und leiblich sehr tief. —

Sehr eigentümlich ist ferner die Fortbewegungsart vieler Pflanzenfresser, welche nur auf den Hinterbeinen geschieht.

Als Gesammtresultat können wir folgende Sätze aufstellen:

Die Allesfresser sind in allen Klassen und ohne Ausnahme die physiologisch und psychologisch am höchsten entwickelten Individuen.

Ihnen am nächsten stehen die Fleischfresser.

Geistig und leiblich wenig entwickelt sind die Pflanzenfresser.

Von diesen sind jedoch die Individuen, welche von Früchten und süssen Säften leben, sehr lebhaft und bewegungslustig.

II. Abteilung.

Kampf mit der Nahrung.

Ebenso wie bei den Pflanzen zeigen auch bei den Tieren die Schmarotzer am besten, welchen Einfluss die Nahrung auf den belebten Organismus auszuüben vermag. Betrachten wir zum Beispiel die Entwicklung eines Schmarotzerkrebses einer Sacculina.[11] In seiner Jugend führt dieses Tier ein freies Leben im Wasser und nährt sich daselbst schwimmend von Wasserbewohnern der niedrigsten Art. Während dieser Zeit hat es ein Nervensystem, äussere Bewegungsorgane von complicirter Structur. ein nach dem Crustaceentypus gebautes Muskelsystem, einen wohl entwickelten Darmcanal und meist selbst Sinnesorgane (Augen); es ist ein echter Krebs, ein sogenannter Nauplius. Plötzlich ändert es seine Nahrung, setzt sich an dem Schwanze einer Krabbe fest und nährt sich von nun an ausschliesslich von dem Blute derselben. Zugleich mit dem Nahrungswechsel treten physiologische Veränderungen im Organismus des Krebses ein. Er verliert den grössten Teil seiner bewegenden Muskulatur, Nervensystem und Sinnesorgane, Mund, Magen und Darmkanal; so wird aus dem beweglichen Krebse ein unförmlicher Sack, dessen Aeusseres keine Andeutung seiner Krebsnatur erkennen lässt.

Die Sacculina und die anderen Schmarotzerkrebse sind nicht die einzigen Tiere, welche im Laufe ihrer Entwicklung solche Veränderungen ihres Organismus erleiden: es gilt als nahezu ausnahmslose Regel, dass alle Ento- und Ectoparasiten in ihrer Jugend ein freies Leben führen, ehe sie eine ähnliche Metamorphose erleiden. Immer aber treten diese Veränderungen erst dann ein, wenn das Individuum zu einer anderen Nahrung übergegangen ist, und es liegt der Schluss nahe, dass die jemalige Veränderung der Nahrung die Umwandlung der physiologischen Structur bewirke. Dieser Schluss ist völlig berechtigt, denn es liefert ein Tier den directen Beweis für seine Richtigkeit. Dieses Tier heisst Leptodera appendiculata. „Der Parasitismus desselben, schreibt Leuckart,[12] erscheint als ein rein facultativer. Er kann ohne Gefährdung des Artbestandes unterbleiben, dann zeigt das Tier keine morphologischen Veränderungen. Anders verhält es sich, wenn es Gelegenheit findet, in die schwarze Wegeschnecke (Arion ater) einzuwandern, und somit das Schmarotzerleben zu beginnen, alsdann treten sofort morphologische Veränderungen ein. Trotz der Abwesenheit des Mundes erreicht die Leptodera alsdann eine doppelte Grösse (über 4 mm), sie verliert die Chitinzähne des Oesophagus und die früher pfriemenförmige Schwanzspitze, dafür entwickeln sich am Hinterleibsringe zwei feingestreifte, lange Cuticularbänder, welche wahrscheinlich als Tastpapillen fungiren. Zur Geschlechtsreife kommen diese Parasiten erst nach der Auswanderung aus ihrem Wirte, es erweist sich daraus, dass die Abweichung im Bau der parasitischen Generation mit den veränderten Lebensverhältnissen in Zusammenhang stehen und durch diese bedingt sind.“

Dieses Beispiel berechtigt uns zu dem Schlusse, dass die anderen Parasiten auf ähnliche Weise aus hoch entwickelten Tieren entstanden sind. Völlig frei lebende Individuen ergaben sich zu irgend einer Zeit ihres Lebens dem Parasitismus; die physiologischen Veränderungen, welche sie dabei erlitten, waren anfänglich gewiss sehr gering, auch war ihr Parasitismus ein rein facultativer d. h. sie konnten als Parasiten und Nicht-Parasiten leben. Je besser sich indes das Tier in den verschiedenen Perioden der jeweiligen Nahrung anpasste, desto grösser wurden auch die physiologischen und morphologischen Divergenzen. Endlich zwang der völlig veränderte Organismus das Tier in der zweiten Hälfte seines Lebens zum Parasitismus, damit zerfiel sein Lebenslauf in zwei resp. mehrere, auch morphologisch scharf getrennte Perioden . . . . in der Jugend, als Larve. schwimmt z. B. die Sacculina infusorienjagend frei im Wasser umher, als „Imago“ lebt sie schmarotzend auf anderen Tieren.

Insekten und Mimicry.

In ähnlicher Weise wie die tierischen Parasiten erleiden die Insekten bis zu ihrer Geschlechtsreife eigentümliche Metamorphosen. Jedermann kennt die Entwicklung eines Schmetterlings und weiss, dass man vier scharf getrennte Perioden im Leben dieses Individuums unterscheiden kann, nämlich — Ei, Larve. Puppe und Imago oder vollkommenes Insekt. Ei und Puppe können als Ruhestadien aufgefasst werden, da dass Individuum während dieser Zeit keine fremden Stoffe als Nahrung aufnimmt. Larve und vollkommenes Insekt sind dagegen die eigentlichen Entwickelungsperioden. Nun ist es höchst merkwürdig. dass das Individuum als Larve nicht nur in der Gestalt, sondern auch in der Nahrung völlig vom Imago abweicht. Während die Larve nur von Blättern sich nährt, lebt das ausgebildete Insekt ausschliesslich vom Nektar der Blüten. Aehnliche Metamorphosen finden bei allen anderen Insekten statt und zwar lässt sich constatiren, dass je abweichender die Nahrung desselben Individuum in den verschiedenen Perioden, desto stärker auch die Divergenz in seiner jeweiligen morphologischen Ausbildung ist.

Betrachten wir kurz die phylogenetische Entwicklung der Insekten.[13] Anatomische Untersuchungen haben als Resultat ergeben, dass die Insekten von Gliedertieren abstammen, welche vielbeinig und flügellos waren. Im Laufe der Zeit erlangte ein Teil der vielbeinigen Gliedertiere Flügel, und zwar traten die Flügel bei dem einzelnen Individuum nicht gleich beim Verlassen des Eies auf, sondern erst, nachdem das Individuum seine völlige Grösse erlangt und eine mehrmalige Häutung überstanden hatte, d. h. nachdem es geschlechtsreif geworden war. (Die Ameisen und Orthopteren beweisen dieses, überhaupt erlangen sämmtliche Insekten erst als Imagines die Geschlechtsreife.)[14] Das völlig ausgebildete Tier unterschied sich von seinem Jugendzustande nur durch die Flügel, es schwärmte, begattete sich, lebte eine Zeitlang bis die Eier abgesetzt waren und ging dann zu Grunde. Dieser Zustand dauerte, so lange Larve und Imago dieselbe Nahrung hatten, (gegenwärtig stehen die Orthopteren noch auf dieser Stufe). Bald aber änderte sich die Sache. Ein Teil der geflügelten Individuen fand nicht mehr die ihnen aus dem Larvenzustand zusagende Nahrung, sei es, dass sie beim Schwärmen in andere Gegenden gelangten, sei es, dass die vorgerückte Jahreszeit ihnen die erwünschte Nahrung nicht mehr gewährte, oder waren es andere Ursachen, kurz sie passten sich einer anderen Nahrung an. Während sie zum Beispiel in der Jugend Blätter frassen, fingen sie im Alter als geschlechtsreife Tiere an, den Nektar der Blüten zu saugen. Da trat das ein, was wir bei den Schmarotzern gesehen haben, die anfangs nur durch die Flügel unterschiedenen Formen begannen mehr und mehr zu divergiren und das um so stärker, je besser sie sich der differenten Nahrung anpassten. — Dann trat sicherlich auch der Fall ein, dass die Larve gezwungen wurde, ihre Nahrung zu wechseln, dadurch wurde die Divergenz natürlicherweise noch grösser.

Der Puppenzustand ist nur eine verlängerte Häutung.

Es entstand mithin die vollkommene Metamorphose der Insekten dadurch, dass das einzelne Individuum in den verschiedenen Entwicklungsperioden sich völlig heterogener Nahrung zuwandte.[15]

Es ist soeben gesagt worden, dass die Metamorphose der Insekten Folge einer Divergenz in der Nahrung sei, wenn dieser Satz richtig ist, muss auch das Gegenteil richtig sein, es muss Convergenz in der Nahrung, Convergenz der Tiere zur Folge haben. Das ist thatsächlich der Fall. Die so ungemein charakteristische und zum bequemen und ruhigen Abweiden der Pflanzen wie geschaffene Raupenform der Schmetterlinge kommt unter meist ganz ähnlichen Lebensbedingungen auch in der Ordnung der Hautflügler, der Käfer und nach den Untersuchungen Brauer's auch bei den Netzflüglern (Panorpa) vor, und nicht minder auffällig ist die unstreitig nur durch den Aufenthalt im Wasser und gleiche Nahrung bedingte Convergenz zwischen der Larve der Eintagsfliege und jener gewisser Schwimmkäfer (Gyrinus E), deren als Kiemenflossen dienende Hinterleibsanhänge in beiden Ordnungen oft so ähnlich sind, als ob man faktisch mit Parallelschöpfungen (Kirby) zu thun hätte.[16]

Einen zweiten, sehr wichtigen Beweis dafür, dass Convergenz in der Nahrung Convergenz in Form und Gestalt hervorzurufen vermag, bildet die Mimicry, welche allerdings nicht nur bei Insekten, sondern im ganzen Tierreiche ziemlich häufig ist.[17]

Es ist allbekannt, dass eine grosse Anzahl lebender Tiere in Form und Farbe auffallende Aehnlichkeit mit Dingen ihrer Umgebung zeigen, mögen dieselben leblose Gegenstände oder belebte Individuen sein. Sehr häufig werden Blätter, Aeste, überhaupt Teile der Nährpflanze nachgeahmt, fast ebenso häufig andere Tiere. Der letzte Fall ist von besonderer Wichtigkeit. Es giebt eine Reihe von Tieren, welche sehr täuschend Individuen anderer Gattungen in Form und Farbe gleichen, sodass sie kaum von denselben zu unterscheiden sind. Diese Form- und Farbennachahmungen sind für die betreffenden Individuen von wesentlichem Vorteil. Die Aehnlichkeit zwischen einem Tiere und seiner Umgebung macht dasselbe weniger auffällig, es wird daher von seinen Feinden leicht übersehen werden und am Leben bleiben, während andere weniger geschützte Individuen aufgefunden und vernichtet werden. Es ist ferner nachgewiesen, dass die nachahmenden Formen mit den nachgeahmten vergesellschaftet leben, und dass die letzteren fast ausschliesslich durch bestimmte Eigenschaften vor feindlichen Angriffen geschützt sind, so dass die nachahmenden Tiere dadurch einen willkommenen Schutz erhalten.

Fragen wir nun nach der Entstehungsursache dieser Nachahmungen. „Da das Ueberleben des passendsten, sagt Wallace,[18] unabänderlich jene Individuen ausjäten muss, deren Farben auffällig sind, und jene erhalten muss, deren Farben einen Schutz darbieten, so bedürfen wir keiner anderen Erklärung für die schützende Färbung.“ Also Auswahl durch fremde Tiere soll die Mimicry herbeigeführt haben. Wir haben aber schon in der Abteilung III „Kampf als Nahrung“ gesehen, dass der Zweck eines Organs niemals Entstehungsursache desselben gewesen sein kann. Es freut mich, dass ich zur Unterstützung meiner Behauptung die Worte eines ausgezeichneten Forschers anführen kann. Semper[19] nämlich sagt: „Das Zustandekommen dieser so ungemein weit gehenden, schützenden Aehnlichkeit wird nach den bekannten Principien der Zuchtwahl erklärt. Anfangs geringe schützende Ähnlichkeiten sollen durch Auslese immer mehr bis zu dem vorliegenden hohen Grade von Nachäffung in Form und Farbe, wie Lebensweise geführt haben. Diese Theorie erscheint ungemein plausibel, und ich glaube auch, dass sie in vielen Fällen zutreffend ist; unter keinen Umständen aber erklärt sie das Auftreten der Aehnlichkeiten überhaupt, wie das von vielen stillschweigend angenommen zu werden scheint.“ „Und, fährt er fort,[20] damit ständen wir hier wieder vor derselben Folgerung, die wir schon so oft kennen gelernt haben und hier wiederholen müssen; der nämlich, dass eine Kraft, welche nur auswählend, aber nicht umbildend zu wirken vermag, nicht ausschliesslich als die eigentlich bewirkende Ursache — causa efficiens — irgend einer Erscheinung angesprochen werden darf. Es handelt sich in allen Fällen und so auch bei der Mimicry, schliesslich um die Erforschung jener Ursache, welche irgend eine nützliche, wie schützende Veränderung hervorzurufen vermochte, erst nachdem diese Veränderung eingetreten war, konnte die Auswahl zwischen den in dieser Beziehung besser oder schlechter ausgerüsteten Individuen stattfinden."

Will man trotzdem die Auslese festhalten, so muss man sagen: es entstanden Varietäten mit schützender Färbung, diese blieben bestehen; dann muss man weiter fortfahren: unter den geschützten Individuen entstanden wiederum besser geschützte Varietäten, und diese blieben bestehen u. s. w. Aber was war dann die Ursache der Varietätenbildung? Die Thatsache, dass die nachahmenden Tiere mit den nachgeahmten vergesellschaftet leben, giebt uns einen Fingerzeig, wo die Entstehungsursache der Mimicry zu suchen ist; sie wird hervorgerufen durch gleiche Nahrung.

Semper[21] schreibt: Die Schnecke Xesta Cumingii hat das Aussehen einer Helicarion in sehr hohem Grade angenommen: sie lebt, wie Semper aus eigener Erfahrung berichtet, genau an denselben Stellen wie Helicarion, nämlich auf der Oberseite von Blättern in feuchten Wäldern und untermischt mit ihnen (hat also ohne Zweifel dieselbe Nahrung), so dass es Semper oft begegnete, eine Xesta Cumingii zu fangen, während er glaubte eine Species der Gattung Helicarion erbeutet zu haben.

Spinnen, welche in Ameisennestern leben und Form und Färbung jener Tiere angenommen haben, nähren sich sicherlich von den durch die Ameisen in ihre Bauten geschleppten Tieren.

Die Mimicry zeigenden Arten Ceria conopsoides, ein Zweiflügler und Sesia tabaniformis Rott, ebenso der Netzflügler Psittacus Hageni Br., welcher den Zweiflügler Limnobia xanthoptera Meign. nachahmt, leben sämmtlich auf dem Stamm der italienischen Pappel.[22]

Ich erinnere an die Dipteren-Familie Syrphidae, von denen viele hummel- und bienenartiges Aussehen haben und die gerade deshalb besonders gern in den Verzeichnissen der Mimicry zeigenden Arten angeführt werden, weil Hummeln und Bienen durch Wehrstachel vor Angriffen geschützt sind. Sie leben sämmtlich von Blütenhonig. Benett[23] hat darauf hingewiesen, dass die Insekten grosse Constanz im Besuch von Blüten zeigen und ich selbst beobachtete im Berliner Universitätsgarten eine Syrphidenart, welche die kleine Mooshummel nachahmte und beständig dieselben Blüten besuchte, wie die Hummel.

Ferner zeigen die Bombyliden grosse Aehnlichkeit mit Schwärmern, besonders Sesien, auch sie nähren sich von denselben Stoffen wie ihre Vorbilder.

Unter den Vögeln besitzt die Papageientaube grosse Aehnlichkeit mit Papageien. „In der That schon die Färbung des Gefieders, sagt Brehm, das prächtige Grün und das blendende Gelb erinnern an letztere, dazu kommt aber noch das eigenartige Herumklettern auf den Bäumen und die sonderbare Stellung, welche sie annehmen. Selbst der kundige Jäger wird anfangs nicht selten getäuscht, er glaubt wirklich einen Papagei vor sich zu haben.“ Diese Taube lebt wie die Papageien von Früchten.

Ich erinnere ferner an die grosse Aehnlichkeit zwischen den Schwalben und den Mauerseglern, die doch nur auf den Nahrungseinfluss zurückzuführen sind.

Auch bei den Säugetieren finden sich Analogien bei gleicher Nahrung, so zwischen den fleischfressenden Raub- und Beuteltieren, worauf schon die Namen: Beutelhund, Beutelmarder, Beutelbilche, Beutelratten u. s. w, hindeuten.

Oft zeigen Arten Mimicry, die in ganz getrennten Ländern leben, aus dieser Divergenz ihrer Formen also gar keinen Nutzen ziehen können. Einen solchen Fall erwähnt Semper:[24]

Die Schneckengattung Chloraea hat in der Gestalt und Färbung, wie in der Skulptur ihrer Schalen eine so grosse Aehnlichkeit mit Individuen der Gruppe Cochlostyla, dass auch durch das genaueste Studium der Schalen allein nicht zu entscheiden ist, ob die Individuen zu Cochlostyla gehören oder nicht. „Man könnte, sagt Semper, nun leicht versucht sein, diese Aehnlichkeiten auf Rechnung der Mimicry zu setzen; doch wird eine solche Annahme sofort durch die Thatsache widerlegt, dass die einander am ähnlichsten sehenden Arten der Chloraea und von Cochlostyla garnicht mit einander vergesellschaftet leben, ja meist sogar auf ganz verschiedenen Inseln vorkommen. Es ist mithin in diesem Falle unmöglich, dass die Aehnlichkeit durch Zuchtwahl entstanden sei, denn von einem durch dieselbe erlangten Schutz kann hier gar nicht die Rede sein. Die Arten dieser beiden Gattungen teilen dieselbe Lebensweise, sie leben sämmtlich auf Bäumen.“

Endlich mache ich darauf aufmerksam, dass Bates die Mimicry auf gleiche Lebensbedingungen zurückführt: eine Auffassung, die mit der meinigen fast identisch ist.

Obige Beispiele haben, so hoffe ich, bewiesen, dass wahre Mimicry nur durch gleiche Nahrung hervorgerufen werden kann.

Ich will mich hier noch einer Thatsache zuwenden, die man vielleicht gegen meine Auffassung der Mimicry geltend machen könnte. Die meisten Kukuksvögel brüten, wie bekannt, nicht selber, sondern legen ihre Eier in die Nester anderer Vögel, welche alsdann nicht nur das Brutgeschäft übernehmen, sondern auch die jungen Kukuke bis zum Flüggewerden mit Nahrung versehen. Es haben mithin die schmarotzenden Nestlinge und diejenigen der Pflegeeltern gleiche Nahrung, und man könnte daraus schliessen, es müssten beide auch gleiche physiologische Charaktere aufweisen, oder gar Mimicry zeigen. Dagegen lässt sich mancherlei geltend machen, erstens werden die jungen Kukuke nur kurze Zeit geatzt, denn mit dem Verlassen des Nestes gehen sie zu ihrer eigentlichen Nahrung über, es können dadurch etwaige physiologische Eigentümlichkeiten wieder verwischt werden, ausserdem ist die Nahrung der Kukuke überhaupt nicht so sehr von der ihrer Pflegeeltern abweichend, da sie meistens in den Nestern der Kerbtierfresser abgesetzt werden, ausserdem kann ja der junge Kukuk die Nährstoffe, welche ihm unangenehm sind, ausspeien und dadurch die Wirkung der fremden Nahrung abschwächen; endlich kommt es darauf an, durch wie viele Generationen das Schmarotzertum des betreffenden Kukuks dauert.

Ganz anders würde sich freilich das Verhältnis gestalten, wenn der junge Kukuk sich an die Nahrung seiner Pflegeeltern gewöhnen würde und dieselbe auch nach Verlassen des Nestes zu sich nähme, dann müssten morphologische Analogien zwischen Pflegeeltern und Pfleglingen sich zeigen. Es scheint in der That bei einigen Arten ein solches Verhalten stattgefunden zu haben. Die Sippe der Häherkukuke, Coccystes,[25] zeigt, wie schon der Name andeutet, eine grosse Aehnlichkeit mit rabenartigen Vögeln, und es ist bekannt, dass die hierher gehörigen Arten nur in den Nestern rabenartiger Vögel aufgezogen werden. Es ist dieser Einwurf also nicht etwa ein Beweis gegen, sondern ein sehr guter Beweis für meine Ansicht.

Für den Einfluss der Nahrung auf den Organismus der Insekten und für die Annahme, dass derselbe die Entstehung der Mimicry herbeigeführt, spricht auch die Thatsache, dass ein Wechsel der Nahrung die Färbung der Raupen und selbst der Schmetterlinge verändern kann. Viele polyphagen Spannerraupen[26] erhalten je nach ihrer Futterpflanze, die sie sich von Jugend auf erwählt haben, verschiedene Färbung: so ist zum Beispiel die Raupe des Birkenspanners, Amphidasis betularia Hüb. rindenfarbig und gelbgrün, wenn sie auf Birken lebt, aschgrau auf Eichen, gelbbraun auf Rüstern, gelbgrün und auf dem Rücken rostfarbig geschattet auf Weiden und Pappeln. Unter den Spinnern ist z. B. die Raupe von Liparis monacha auf Kiefern weissgrau, auf Fichten dunkelgrau und auf Lärchen fast schwarz. Auch die Raupen der Ordensbänder, Catocala, sind kaum von der Rinde der Esche, Weide, Pappel und der Eiche zu unterscheiden, in deren Ritzen sie sich tagüber aufhalten. Die Eulenraupen, welche nur Graswurzeln verzehren, wie die Agrotis-Arten, besitzen eine erdartige Farbe. Die nackten Raupen unserer Rainfarneule, Cucullia tanaceti Wien, verliert ihre weisse Grundfarbe und wird gelb, sobald wir sie nicht mit grünen Blättern des Rainfarn, Tanacetum vulgare L., oder mit solchen des Beifuss, Artemisia vulgaris L. oder Art. abrotanum L., sondern mit der gelben Blüte der zuerst genannten Pflanze füttern. Ebenso werden nach Koch die Raupen des Pfriemenspanners, Chesias spartiaria Hüb, gelblich, welche die Blüten des Besenstrauchs, Sarothamnus scoparius Wim., verzehren, während die anderen, die von dessen Blättern leben, grün bleiben. Während in diesen Fällen der Wechsel der Futterpflanze nur auf die Färbung der Raupen einwirkt, so sind auch solche Fälle nicht selten, bei welchen derselbe sich nur wirksam im Farbenton, ja in der

Zeichnung des vollkommenen Tieres, des Schmetterlings, zeigt. So sind die Schmetterlinge von Chelonia Caja L., Ch. villica L. Ch. aulica L. etc., deren Raupen von Jugend auf mit Gartensalatblättern, Lactuca sativa L., gefüttert werden, heller gefärbt und einfacher gefleckt, als an Nesseln, Urtica, oder an der Tollkirsche, Atropa belladonna L., aufgezogenen. Die Raupe der Nonne, Liparis monacha L., giebt auf Apfelbäumen einen bei weitem blasser gefärbten Falter, als auf Kiefernadeln. Die Raupen des Lindenschwärmers, Smerinthus tiliae L., welche mit Lindenblättern gefüttert werden, geben grün gefärbte Falter, während von jenen auf Ulmen die rötliche Variation entsteht. In einigen Fällen teilt sich sogar die Färbung der Raupen, wie z. B. beim Stachelbeerspanner, Zerene grossulariata L., beim Seidenspanner, Bombyx mori L., auch den Schmetterlingen mit.

Endlich haben wir einen directen Beweis für den umwandelnden Einfluss der Nahrung auf Insekten. Die Arbeitsbienen, welche metamorphosirte Weibchen sind und sich von den echten Weibchen durch die lange Zunge, die Pollenbürste und Geschlechts- und Zeugungsunfähigkeit, wesentlich unterscheiden, entstehen dadurch, dass eine Anzahl weiblicher Larven mit Blütenstaub gefüttert werden, während diejenigen Larven aus welchen echte Weibchen entstehen sollen, mit Honig und sorgfältig ausgewählten Nährstoffen erhalten werden. Es kann aber aus jeder weiblichen Larve, selbst nachdem sie einige Zeit mit Pollen gefüttert wurde, ein Weibchen entstehen, wenn ihr Honig gereicht wird, wie das von Bienenzüchtern häufig beobachtet worden ist.

Ich entnehme einem Artikel von Froriep darüber folgendes:[27]

„Die Nahrung in den Zellen der Arbeitsbienen und der Drohnen scheint von gleicher Beschaffenheit, die in den königlichen Zellen dagegen ist von eigentümlicher Farbe und besonderem Geschmack, aber auch von so eigentümlicher Kraft, dass unter ihrer Einwirkung die Ausbildung zu einer fruchtbaren Biene erfolgt. Die Drohnen sind männlichen Geschlechts, die Arbeitsbienen sollen geschlechtslos sein und die Königinnen allein sind vollkommen ausgebildete Weibchen. Ihre vollständige Ausbildung dauert nach dem Auskriechen 16 Tage, während die der Arbeitsbienen 20 Tage, die der Drohnen 24 Tage erfordert. Die um die Königinnen-Zelle herum angelegten Zellen werden zum Teil auch mit der königlichen Nahrung versehen und, indem sie so von dieser Nachbarschaft Vorteil ziehen, entwickeln sie sich zu weiblichen Bienen, die nur weniges kleiner sind, als die Drohnen; dieselben legen später auch einige Eier, jedoch nur Drohnen-Eier; sie heissen deshalb Drohnenköniginnen. Ereignet es sich nun aber zufällig, dass die Königinnen-Larve zu Grunde geht, so werden, wenn nämlich die Arbeitsbienen nicht auswandern können, sogleich einige benachbarte Zellen vergrössert und mit der vollen Quantität der Königinnen-Nahrung versehen, dann entwickeln sich in diesen die Larven zu vollkommenen Mutterbienen oder Königinnen. Werden aber sämmtliche königlichen Larven zerstört, so scheinen die Arbeitsbienen von der mächtigen Einwirkung der königlichen Nahrung selbst unterrichtet zu sein; denn sie bringen dann Arbeitsbienenlarven in königliche Zellen, reichen ihnen die entsprechende Nahrung und erziehen auf diese Weise ebenfalls vollkommene Königinnen. Besonders auffallend aber ist es, dass die Bienen mit diesem Verfahren sogleich aufhören, wenn man ihnen unterdessen eine Königin giebt.

„Die Umwandlung von Arbeitsbienen-Larven in vollkommene Königinnen ist übrigens auch künstlich des Experimentes wegen herbeigeführt worden; man hat die Larven in den königlichen Zellen zerstört, die Arbeitsbienen an der Auswanderung verhindert und Larven aus den Arbeitsbienenzellen unmittelbar in die königlichen Zellen gebracht und dadurch vollkommene Königinnen erlangt.

„Aehnliches scheint bei den Ameisen vorzugehen, bei denen die Arbeiter ebenfalls geschlechtslos sind, so lange sie nicht durch eigentümliche Nahrung zu vollkommener Entwicklung gebracht worden.“

Die Arbeitsbienen lehren uns mithin zweierlei: erstens, dass die Nahrung gestaltverändernd wirkt, und dann, dass eine abweichende Nahrung die Zeugungsfähigkeit gänzlich aufheben kann. Es ist wahrscheinlich, dass die Zeugungsunfähigkeit vieler in der Gefangenschaft gehaltener Tiere auf die gleiche Ursache zurückzuführen ist.

Vögel und Säugetiere.

Ueber den Einfluss der Nahrung auf den Organismus der Amphibien und Reptilien ist nichts bekannt, dagegen finden sich einige Beispiele bei den Vögeln, vor allem solche, welche den Einfluss der Nahrung auf die Färbung beweisen:

Wallace[28] erzählt, dass ein brasilianischer Papagei (Chrysotis festiva) gezwungen werden kann, das Grün seiner Federn in Gelb und Rot umzuwandeln, indem man ihn mit dem Fett gewisser welzartiger Fische füttert, eine Methode, welche die Indianer nach ihm in grossem Massstabe anwenden. Derselbe Reisende giebt ferner an, dass der ostindische prächtig gefärbte Lori rajah seine glänzenden Farben durch eine besondere Fütterungsmethode erhält. Bei Distelfinken beobachtet man bei ausschliesslicher Hanfsamennahrung eine Schwärzung des Gefieders. Neuerlich hat man eine blendend gelbrot gefärbte Varietät des Canarienvogels in den Handel gebracht, von der gesagt wird, dass man sie durch Fütterung einiger Exemplare dieses Vogels mit spanischem Pfeffer erzeugt. — Das Gefieder der Flammings,[29] Phoenicopteridae, verliert seinen zarten Rosenhauch, wenn man ihnen ausschliesslich Pflanzennahrung reicht, wogegen sie ihre alte Schönheit zurückerhalten, wenn man die Futtermischung der von ihnen während des Freilebens genossenen Nahrung möglichst entsprechend wählt. —

Ferner sind Experimente[30] angestellt worden, welche beweisen, dass durch directen Einfluss der Nahrung gewisse Structurverhältnisse der Tiere vollständig verändert werden. Der englische Anatom Hunter fütterte absichtlich eine Seemöve (Larus tridactylus) ein ganzes Jahr lang mit Körnern, und es gelang ihm auf diese Weise die ursprünglich weiche innere Magenhaut ihres auf Fischnahrung eingerichteten Magens so vollständig zu erhärten, dass sie in ihrem Aussehen und Structurverhalten der sogenannten Hornhaut des Körnermagens einer Taube glich. Dr. Edmonstone versichert uns, dass dieses Experiment alljährlich von der Natur ausgeführt wird: die Heringsmöve (Larus tridactylus) von den Shetlands-Insels ändert die Structur ihres Magens alljährlich einmal, je nachdem sie im

Sommer an Getreidekörner, im Winter an Fische sich zu gewöhnen hat. Dieselbe Möve hat dann thatsächlich im Sommer den Magen eines Körnerfressers, im Winter den eines fleischfressenden Raubvogels. Derselbe Naturforscher hat die gleiche Veränderungsfähigkeit des Magens an einem Raben nachgewiesen; Ménétriès giebt dieselbe gleichfalls für eine Eule an (Strix grallaria).

Diese Experimente reichen aus zum Beweise, dass der Magen eines Fleischfressers (Eule, Möve, Rabe.) in einen Körnermagen umgewandelt werden kann, wenn dem Tiere die dazu notwendige Nahrung während längerer Zeit gereicht wird. Es liegt selbstverständlich nahe, zu fragen, ob denn auch das umgekehrte Verhältnis stattfinden kann d. h. ob der Körnermagen eines echten Körnerfressers in den weichhäutigen Magen eines Fleischfressers umgewandelt werden könne. Experimente des Dr. Holmgrén beweisen in der That, dass bei Tauben, welche hinreichend lange mit Fleischnahrung gefüttert wurden, allmählich der Körnermagen in einen echten Raubvogelmagen umgewandelt wird.

Der Structurwechsel, welcher dabei im Magen der Tauben und Möven vor sich geht, als Folge des ihn bedingenden Functionswechsels, besteht in folgendem: Der Magen der von Fleisch sich nährenden Vögel hat eine verhältnismässig schwachentwickelte Muskulatur und weiche Schleimhaut, welche sich in langen Schläuchen in die umgebenden Magenhäute einsenkt. Diese Schläuche sind die Magensaft absondernden Drüsen. Bei körnerfressenden Vögeln ist die Muskulatur des Magens ungemein kräftig entwickelt; statt der weichen Schleimhaut bedeckt eine dicke braune Haut die Innenfläche des grössten Teils des Magens, während der grössere vordere Abschnitt dieselbe weiche Haut und Drüsenschicht aufweist, wie sie überall im Raubvogelmagen vorkommt. Jene braune Haut im Magen der Tauben ist sehr fest; sie senkt sich in langen feinen Fäserchen in die Höhlungen von Schläuchen ein, welche senkrecht in die Muskelhaut des Magens hineintreten; wenn nun durch Fleischnahrung der Taubenmagen hinreichend lange beeinflusst wurde, so zieht sich jene braune Haut (eine sogenannte Cuticula) ganz aus den

Schläuchen heraus und wird abgestossen; diese scheiden nun keine feste Substanz mehr, sondern nur noch Flüssigkeit aus, und werden somit zu echten Drüsen. Umgekehrt bei der Möve, welche an Körnernahrung gewöhnt wird; das sonst flüssig aus den Drüsenöffnungen des Magens ausscheidende Sekret erstarrt und bildet eine mehr oder minder dicke feste Haut im Innern des Magens.

Auch bei den Säugetieren findet eine solche Umwandlung der Magens statt. „Die zum Pflanzenfressen notwendige Einrichtung der Verdauungsorgane, schreibt Jaeger,[31] besteht im wesentlichen in einer grösseren Weite und Dickwandigkeit des Magens und in einer grösseren Länge des Darmkanals. Es ist diese Einrichtung nicht die Voraussetzung für die Pflanzennahrung, sondern eine Folge derselben. Dieser Satz kann in doppelter Weise experimentell bewiesen werden:

1) Wenn man Pflanzenfresser von Jugend auf zur Fleischnahrung oder zu einer physikalisch dieser entsprechenden Nahrung zwingt, so unterbleibt die Erweiterung des Magens durchaus. Bei Rindern zum Beispiel, welche man mit breiiger oder flüssiger Nahrung ernährt, bleibt der Pansen und ebenso der Darm relativ kleiner, als bei den mit Rauhfutter ernährten.
2) Wenn man einen Fleischfresser zur Pflanzennahrung zwingt. so wird der Darm länger, der Magen weiter, ein Experiment, dass der Mensch an sich häufig genug macht und dass an jedem Hunde wiederholt werden kann.“

Brücke schreibt: „Eines kann man den Kartoffeln mit Recht nachsagen, dass sie. wenn sie von den Menschen von Jugend an in grosser Menge genossen werden, weite Bäuche machen und an ein grosses Volumen von Nahrungsmitteln gewöhnen.“

Es ist natürlich, dass zuerst der Magen von der Veränderung der Nahrung getroffen wird, da ihm die Bewältigung derselben obliegt, aber es ist leicht einzusehen, dass auch andere Organe der Tiere sehr bald in Mitleidenschaft gezogen werden müssen, da in Folge der Correlation der Glieder jede Vergrösserung und Veränderung des einen Körperteils die Veränderung anderer herbeiführen muss.[82] Die Erweiterung, Ausdehnung und Verstärkung der Ernährungsorgane hat mit Naturnotwendigkeit eine Ausdehnung der Bauchmuskeln zur Folge, dadurch wird der Körper schwerer und plumper, er ruht mit einem bedeutend grösseren Gewichte auf den Extremitäten, eine Folge davon ist die Verstärkung der Muskulatur und des Knochengerüstes derselben; daher sind bei fast allen Pflanzenfressern die Beine, besonders die hinteren, im Verhältnis sehr stark.

Die Schwere des Körpers und die Stärke der Beine verlangsamen bei den Vögeln den Flug; daher wird das Tier sich mit Vorliebe auf dem Boden fortbewegen, damit tritt eine langsame Verkümmerung der Flügel ein, es verkümmert die Brustmuskulatur und das Brustbein, denn „die Grösse und Höhe des Brustbeins, sagt Brehm, werden bedingt durch die sich hier ansetzenden Brustmuskeln, verändern sich also je nach der grösseren oder geringeren Flugfähigkeit des Vogels.“ Auf solche Art sind sicherlich die von Pflanzennahrung lebenden Schreit- und Laufvögel entstanden.

Es ist mithin die Plumpheit und Schwerfälligkeit der Phytophagen nicht ein Zufall, sondern eine notwendige Folge ihrer Pflanzennahrung.

Die bei 4—6 beinigen Tieren häufige, aber fast nur bei phytophagen Individuen zu beobachtende, eigentümliche Umgestaltung der Hinterbeine zu Sprungbeinen, mag hier Erwähnung finden:

Bei vielen pflanzenfressenden Säugetieren und Insekten sind, wie schon früher bemerkt, die Schenkel der Hinterbeine auffällig verdickt, und übertreffen die Hinterbeine gewöhnlich die vorderen bedeutend an Länge und Stärke. Es scheint mir diese Eigentümlichkeit immer direkt durch die Nahrung hervorgerufen zu werden. Die Vergrösserung des Magens und der Gedärme bei Pflanzennahrung hat hauptsächlich eine bedeutende, einseitige Vergrösserung des ganzes Hinterleibes zur Folge, sodass dieser Körperteil die anderen (Kopf und Brust) bei weitem an Schwere übertrifft. In Folge dessen ruht der Schwerpunkt des Körpers mehr in den Regionen der Hinterbeine, während bei den Fleischfressern derselbe mehr in der Mitte liegt, daher nimmt die Muskulatur der hinteren Extremitäten zu, die der vorderen ab, was sich nach aussen hin durch Verdickung und Verdünnung der Schenkel zu erkennen giebt. Diese Verstärkung der hinteren Extremitäten nimmt natürlicherweise um so mehr zu, je besser sich das Individuum der Pflanzennahrung anpasst, und in demselben Verhältnisse werden die vorderen Beine schwächer und verkümmern. Die Leichtigkeit des Oberkörpers und die Stärke des Beckens befähigen dann häufig das Individuum, wie bei Nagern (Hasen) beobachtet werden kann, zur Annahme einer sitzenden Stellung. Zuletzt übernehmen die hinteren Extremitäten auch die Functionen der vorderen (Känguruh, Springmäuse), dann bewegt sich das Tier ausschliesslich auf den Hinterbeinen fort; diese Fortbewegung ist aber ein Springen, nie ein Schreiten, dadurch unterscheidet sich die aufrechte Fortbewegung dieser Individuen sehr wesentlich von derjenigen des Menschen.

Bei den Fleischfressern sind Magen und Darm dünnwandig und von geringer Ausdehnung, auch das Gewicht der Nahrungsmittel ist im Verhältnis geringer als dasjenige der Phytophagen, in Folge dessen bedarf das Individuum keiner bedeutenden Muskelkraft um den Körper fortzubewegen, die Beine sind daher lang und dünn oder häufiger sehr kurz. Der Leib der Tiere erscheint lang gestreckt, bei den Schlangen erreicht die Streckung und Beweglichkeit ihr höchstes Mass und die Beine sind völlig verkümmert.

Bei den Vögeln hat das geringe Gewicht des Körpers und der Beine eine Vergrösserung der Flugfähigkeit zur Folge, sodass die Tierfresser hauptsächlich auf diese Bewegung angewiesen sind und es darin bis zur hohen Vollkommenheit gebracht haben, während die Beine bei den guten Flügern zum Schreiten fast unbrauchbar geworden sind.

Es ist mithin die morphologische Befähigung der einzelnen Individuen nicht ein Ausfluss innerer, sondern äusserer Ursachen speciell der Nahrung. —

Ehe wir zur Betrachtung des Einflusses der Nahrung auf

den Menschen übergehen, mögen hier noch einige Beispiele für den Einfluss der Nahrung auf die Haustiere angeführt werden.

Es ist höchst auffällig, dass jede, landschaftlich einigermassen selbstständige Gegend ihre eigentümliche Schafvarität besitzt, und dass diese Varietäten in anderen Gegenden meistens nur schlecht gedeihen. So kommt das Schaf der Lüneburger Haide nicht in den Schleswigschen Marschen fort und umgekehrt. Man könnte aus diesem Vorkommen mit ziemlicher Sicherheit schliessen, dass die Verschiedenheit der Futterkräuter in den einzelnen Gegenden die Varietäten erzeugt habe, wenn nicht bereits nachgewiesen wäre, dass einzelne Varietäten ihre specifischen Charaktere verlieren, wenn sie ihrer Heimat entnommen werden.

„Es büsst das in der Nähe des schwarzen und kaspischen Meeres auftretende Fettschwanzschaf, schreibt Settegast,[33] seine Eigentümlichkeit mit der Entfernung von diesen Gegenden ein, welche ihm die gewürzreichsten Kräuter und salzhaltige Weiden bietet, wie schon Pallas beobachtet hat."

Wenn aber eine Varietät, sobald sie ihrer Heimat entnommen wird, ihren Organismus umändert, so werden es auch die anderen thun, d. h. sie sind nur Produkte der betreffenden Gegend.[34] — Dafür spricht auch ein Züchtungsversuch, welchen May[35] mitgeteilt hat: „Bei einer landwirtschaftlichen Ausstellung in Prag wurde ein Widder vorgeführt, welcher nur mit Maulbeerblättern gefüttert worden war, und in Folge dessen eine Wolle trug, die an Zartheit und Glanz der Seide ähnlich war."

Höchst auffällig ist das verschiedene Verhalten verschieden gefärbter Tiere gegen denselben Nährstoff. Unter Schafzüchtern ist völlig bekannt, dass der Genuss von Buchweizen,[36], namentlich wenn er in Blüte steht, weissen und weiss gefleckten Schafen, Schweinen und Rindern äusserst schädlich ist, während die schwarzen Individuen völlig gesund dabei bleiben. Die weissen Hautstellen schwellen an, werden gangränös und das Tier geht ein. Aehnlich soll nach Heusinger Hypericum crispum wirken, weshalb die Bewohner in Tarentino, wo diese Pflanzen häufig sind, nur schwarze Schafe zu halten gezwungen sind. Wymann führt den merkwürdigen Fall an, dass in Virginien nur schwarze Schweine gehalten werden könnten, weil nur solche den Genuss der Wurzel von Lachnanthes tinctoria ohne zu erkranken vertragen könnten, alle übrigen aber bald darauf eingingen.

Es ist wohl kein Zweifel, dass die schwarze Farbe hier nur ein Abzeichen einer physiologischen Eigentümlichkeit der Tiere ist, und diese wiederum ist höchstwahrscheinlich erworben durch allmähliche Anpassung an den betreffenden Stoff.

Ueberhaupt mache ich darauf aufmerksam, dass Tiere sofort in der Farbe zu variiren beginnen, sobald sie in der Gefangenschaft verpflegt werden; es scheint, sich die Beeinflussung durch fremde Nahrung zuerst durch Farbenwechsel bemerkbar zu machen.

Ueber den Einfluss der jeweiligen Nahrung auf den Organismus des Pferdes habe ich folgendes in Erfahrung gebracht:

„Wenn ein Remontepferd," schreibt Ranke,[37] „frisch von der Weide in den Militärdienst eingestellt wird, so muss es zu seinen stärkeren Leistungen durch Veränderung der Nahrung geschickt gemacht werden: Es erhält eine eiweissreichere Nahrung, in welcher der Hafer eine vorwiegende Rolle spielt. Die Tiere verändern sich bei besserer Nahrung und stärkerer Leistung ziemlich rasch; sie verlieren „den Gras- und Heubauch," indem sie an Umfang verlieren, werden sie muskelkräftiger und beweglicher."

Ueber die Wirkung des Hafers im Gegensatz zu derjenigen der änderen Nährstoffe des Pferdes geben einige Artikel Kirchner's[38] wichtige Aufschlüsse; ich lasse daher die betreffenden Abschnitte hier wörtlich folgen: sie lauten: „Seit Jahrhunderten bildet der Hafer das ausschliessliche und allein als zweckentsprechend anerkannte Kraftfutter für Pferde, weil man keiner anderen Körnerart den gleichen Erfolg auf die Leistungsfähigkeit der Pferde zuschreibt. Dieses liegt sicherlich zum Teil an dem Gehalt an Nährstoffen. Während Weizen, Roggen und Gerste annähernd eine gleiche Zusammensetzung haben, unterscheidet sich der Hafer von denselben zunächst durch einen geringeren Gehalt an stickstofffreien Stoffen, in diesem Falle Stärke. Was ihm aber einen besonderen Vorzug vor den übrigen Früchten verleiht, ist der hohe Fettgehalt. Letzterer ist beim Hafer etwa viermal so gross, als beim Weizen und Roggen und dreimal so gross, als bei der Gerste. — Nun zeigt sich aber ausserdem, dass der Mais unter Berücksichtigung des Gehaltes an Nährstoffen dem Hafer mindestens gleichwertig, wenn nicht überlegen ist; denn, wenn ersterer auch einen etwas geringeren Gehalt an Protein besitzt, so ist dagegen die Menge der Kohlehydrate und ganz besonders des Fettes, also gerade desjenigen Bestandteils, welcher den Hafer so wesentlich von den übrigen Cerealien unterscheidet, im Mais eine bedeutendere als im Hafer, womit eine Abnahme der unverdaulichen Strohfaser Hand in Hand geht; aber der Mais kann trotzdem den Hafer nicht ersetzen. Die übereinstimmenden Resultate zahlreicher Fütterungsversuche sind folgende:

1. Die längere Zeit mit Mais gefütterten Pferde zeigen in der Mehrzahl einen sehr guten, häufig selbst besseren Nährzustand, als bei der Haferfütterung; es giebt sich derselbe durch ein glattes, glänzendes Haar, durch mehr abgerundete Körperformen und selbst durch eine Gewichtszunahme zu erkennen und nimmt erst bei stärkerer Verwendung der Pferde zu anstrengenden Dienstleistungen ab. Im Falle geringerer Verwendung und bei gewöhnlicher Dienstleistung erfolgt bei vielen Pferden ein eigentümlicher Fettansatz, und muss daher der Mais als vorzügliches, intensiv nährendes Futter für Pferde bezeichnet werden.

2. Der Gesundheitszustand ist bei den mit Mais gefütterten Pferden ein sehr günstiger.

3. Die Lebhaftigkeit des Temperaments ist bei vielen mit Mais gefütterten Pferden geringer als bei den mit Hafer gefütterten. Es sind diese Pferde träge, matt, weniger frisch, zeigen geringere Gehlust und nach erheblichen Anstrengungen eine grössere Mattigkeit, mit frühzeitiger und im hohen Grade auftretender Schweissbildung, welche Erscheinungen bei ausschliesslicher Haferfütterung rasch und gänzlich wieder gehoben werden.

„Es ist daher die Maisfütterung für Pferde, die grossen Anstrengungen ausgesetzt sind, nicht geeignet.

„Wenn also fast allgemein constatirt ist, fährt Kirchner fort, dass der Mais den Hafer niemals völlig, unter Umständen nicht einmal zum Teil ersetzen kann, so fragt es sich, welches die

Ursachen dieses den Nährstoffgehalt des Maises gleichsam widersprechenden Resultates sind. In dieses Dunkel hat nun der Professor Sanson in Grignon (Frankreich) vor kurzem einiges Licht gebracht. Während man schon früher in der Samenschale des Hafers eine aromatische Substanz gefunden zu haben glaubte, welcher man eine besondere Wirkung auf den Organismus des Pferdes zuschrieb, stellte der genannte Forscher fest, dass diese Substanz ein Alkaloid ist, welchem der Name Avenin beigelegt wurde. Die verschiedenen Hafersorten enthalten ungleiche Mengen von Avenin, die schwarzen im allgemeinen mehr als die weissen, doch treten vielfach Unregelmässigkeiten in dieser Hinsicht auf. Dem Avenin kommt nun nach Sanson eine anregende Wirkung auf das Nervensystem der Pferde zu, wodurch die Energie, Lebhaftigkeit und Ausdauer ihrer Bewegungen im wesentlichen hervorgerufen wird, und welche Wirkung kein anderes Futtermittel ersetzt.

„Nach einer in der österr. landw. Zeitung veröffentlichten Mitteilung des Journal de méd. vétér. ist das Avenin in dem aus dem Hafer bereiteten alkoholischen Extrakte enthalten. Setzt man einem Quantum Gerstenmehl oder Kleie etwas von dem Extrakt zu, verflüchtiget den Alkohol durch Erwärmen und verabreicht dieses Gemenge einem Pferde, so wird die Wirkung eine gleiche sein, als wenn das Tier Hafer erhalten hätte. Der Beweis hierfür lässt sich durch Anwendung eines elektro-galvanischen Apparates von Dubois-Reymond herstellen. Vermindert man die Kraft des Stromes dahin, dass das Pferd bei Berührung mit dem Instrumente nicht mehr reagirt, so wird man bei Verabreichung von Kleie, Gerste- oder Weizenmehl u. dergl. keine Veränderung bemerken; giebt man dagegen dem Pferde etwas von der erwähnten Mischung, so wird binnen kurzem dasselbe sich für den elektrischen Strom sehr empfindlich zeigen; dadurch ist die Erfahrung bewiesen, dass Roggen, Gerste und Weizen nicht die erregende Wirkung des Hafers besitzen.

„Es sind also höchst wahrscheinlich,“ schreibt Kirchner, in manchen Futtermitteln Stoffe enthalten, welche auf das Nervensystem anregend und belebend wirken, deren Vorhandensein man aber bis jetzt noch nicht überall festgestellt hat. Den Wert eines Futtermittels nur nach dessen Zusammensetzung auf Grund der sogenannten Futteranalyse bemessen zu wollen, würde verkehrt sein, es kommen dabei noch andere Momente in Betracht.“

Was hier von Prof. Kirchner aus den Versuchen Sansons gefolgert wird, ist bereits von einem deutschen Forscher, Prof. Jäger, weit besser auseinandergesetzt worden; leider ist es ja eine Charactereigenschaft der Deutschen, dass sie die Entdeckungen, welche in der Heimat gemacht werden, verachten, sie dann aber aus dem Auslande als etwas neues importiren; es wundert mich daher garnicht, dass Herr Prof. Kirchner Jägers Theorie nicht erwähnt, vielleicht garnicht kennt. Die Hypothese, auf welche Jäger seine Seelentheorie baut, lautet folgendermassen: Die Albuminate, welche wir in den verschiedenen Tieren antreffen, sind nicht völlig einander gleich, sondern bestehen aus einem, wahrscheinlich bei allen Albuminaten gleichen Kern, mit welchem Atomgruppen verbunden sind, die bei jedem Individuum verschieden sind, und es als Individuum characterisiren, wobei wieder verwandte Individuen verwandte Stoffe besitzen, sodass die Individualstoffe nur als Varietäten der die Art, diese als Varietäten der die Ordnung characterisirenden Stoffe erscheinen. Diese specifischen „Seelen-“Stoffe wirken bei ihrer Loslösung aus dem Eiweissmolekül auf das Nervensystem des Geniessenden, indem sie zugleich einen specifischen Geschmack oder Geruch erzeugen (eine solche „aromatische“ Substanz ist das Avenin, das für Avena characteristisch ist. — Ich selbst habe Prof. Jäger eine Reihe von Gründen mitgeteilt, die dafür sprechen, dass die Alkaloïde die von ihm gesuchten „Seelen“-Stoffe sind). Bei der Verdauung treten die Eiweisskerne und ebenso die Seelenstoffe in das Blut und damit in den Organismus ein. Jäger selbst hat mit dem von ihm construirten Apparat (Chronoscop) die Beeinflussung des Nervensystems durch die in der Nahrung enthaltenen Stoffe nachgewiesen. (Also gebührt ihm in allen Stücken unbedingt die Priorität vor Sanson.) —

Wir wissen, dass ein Organ durch den Gebrauch an Masse zunimmt und leistungsfähiger wird. Auf diese Thatsache baue ich folgende Hypothese: Dadurch, dass das Nervensystem (und speciell dessen Centralorgan, das Gehirn) durch die specifischen Alkaloïde seiner Nährpflanzen oder Tiere beeinflusst wird, wird es nicht nur grösser und leistungsfähiger, sondern bildet sich auch nach verschiedenen Richtungen verschieden stark aus, entsprechend der speciellen Wirkung der einzelnen Stoffe.[40] Nehmen wir nun an, dass die Alkaloïde der Pflanzen geringere Wirkung ausüben, als die tierischen (was durch die Erfahrung bestätigt wird), so können wir uns einen Begriff davon machen, woher es kommt, dass das Nervensystem (Gehirn) der Fleischfresser stärker funktionirt, als das der Pflanzenfresser und warum dasjenige der Omnivoren am ausgebildetsten und leistungsfähigsten, das der Monophagen am wenigsten leistungsfähig ist.[41] — Die Thatsache, dass die Fleischfresser geistig viel regsamer sind, als die Pflanzenfresser, ist zu auffällig, als dass sie bis jetzt völlig übersehen werden konnte. Daher wird die Einwirkung der Nahrung auf den Geist von einer Reihe bedeutender Physiologen seit lange eifrig verteidigt, ich erwähne nur Moleschott, Voigt, Gustav Jäger, und rechne hierher auch Voit und Pettenkofer, welche die Erregung der Nerven durch die in den Nahrungsmitteln enthaltenen „Salze“[42] sehr stark betonen. Selbst die Liebigsche Schule, die nur Eiweissstoffe und allenfalls noch Kohlehydrate kennt, konnte sich dieser auffälligen Thatsache nicht völlig verschliessen, daher äussert sich Ranke[43] höchst vorsichtig folgendermassen: „Im allgemeinen will man die Beobachtung gemacht haben, dass bei rein vegetabilischer Nahrung der animale Organismus weniger Kraft, weniger Munterkeit als bei animalischer oder gemischter Nahrung entwickelt. Unzweckmässige, namentlich zu voluminöse Pflanzennahrung erfordert für die innere Arbeit der Verdauung eine bedeutende Kraftsumme, welche, da dem animalen Organismus für die zu leistende Arbeit nur ein bestimmtes Kraftquantum (?) zur Verfügung steht, von der für äussere Arbeit disponibeln Kraftsumme in Abzug kommt. —

Dafür, dass die Alkaloïde und anderen Stoffe der tierischen Nahrung auf das Nervensystem des abhängigen Tieres stärker einwirken als die pflanzlichen sprechen:

Die Thatsache, dass von Holmgrén bei der Fütterung der Tauben nicht nur physiologische Veränderungen hervorgerufen worden sind, sondern auch eine völlige Aenderung der Gemütsart erzielt wurde, die Tiere nahmen das Benehmen von Raubvögeln an.[44]

Ein zweites Beispiel für die Veränderung der Gemütsart durch Fleischnahrung liefert der Kia,[45] Nestor mirabilis, dieses zu den Papageien gehörige Tier nährte sich früher von Säften der Pflanzen und Blumen, neuerdings hat es sich daran gewöhnt, das Blut der geschlachteten Schafe zu lecken, und es wird berichtet, dass der ursprünglich so harmlose Vogel durch die mehr und mehr sich steigernde Leidenschaft für Schafblut geradezu zu einem gefährlichen Feinde der Schafheerden Neu-Seelands geworden ist. Einzeln oder in Trupps erscheinen die Kiapapageien,[46] setzen sich auf den Rücken eines Schafes, rupfen ihm die Wolle aus, bringen dem Tiere eine Wunde bei und ängstigen es so lange, bis es die Herde verlässt. Nunmehr verfolgen und quälen sie es fortwährend, bis es zuletzt vollständig verdummt. Wenn es endlich gänzlich erschöpft sich niederlegt und seinen Rücken vor den Vögeln zu schützen sucht, fressen sie ihm auf der Seite neue Löcher in den Leib und führen so oft seinen Tod herbei.

Ein dritter Fall wird von Semper[47] mitgeteilt. Im zoologischen Institut zu Würzburg befindet sich ein Pärchen ausgewachsener, vollständig zahmer Prärichunde. Das Männchen weicht in seinem Geschmack ganz auffallend vom Weibchen ab. Dieses ist in jeder Beziehung eine Zierde ihres Geschlechts, immer sanft, bescheiden und zärtlich, aber auch schüchtern. Es zieht Pflanzennahrung — frische Pflanzen, Brod, Nüsse, Korn u. s. w. — vor, obgleich es mitunter auch Fleisch und Leber nicht verschmäht. Das Männchen aber, unverschämt, heftig und mistrauisch und ein echter Haustyrann seinem Weibchen gegenüber, frisst leidenschaftlich alles, was überhaupt von tierischen Nährstoffen zu erlangen ist. Als früher noch Aquarien im Zimmer standen, suchte er öfters Fische und Krebse zu fangen, die er gierig verzehrte. Fett ebenso wie Leber oder Fleisch,

Eier oder Fische, Ameiseneier und Insekten, kurz alles tierische war ihm als Nahrung willkommen; das frische Blut geschlachteter Tiere leckte er mit dem grössten Behagen.

Ein viertes Beispiel für die Veränderung psychologischer Eigenschaften durch Fleischnahrung bieten die Hunde: Es ist allbekannt, dass Hunde nach dem Genuss rohen Pferdefleisches mutig und bösartig werden, die Bauern versäumen daher nie, sobald sich die Gelegenheit bietet, ihre Hunde damit zu füttern.[48] Jäger[49] teilt mit, dass man bei der Zähmung der Raubtiere mit Erfolg von der Verabreichung vegetabilischer Nahrung Gebrauch mache.

Ich wiederhole zum Schluss die Worte Brehm's über die Bären: Mit der Nahrung des Bären steht, wie erklärlich, das Wesen des Tieres vollständig im Einklang: der pflanzenfressende Bär ist ein feiger und furchtsamer Gesell, der räuberisch auftretende wird zu einem gefährlichen Gegner der Menschen und der von ihm bedrohten Tiere.

Diese Beispiele mögen genügen.

Wenn nun die Plumpheit und Schwerfälligkeit des Körpers der Phytophagen eine Folge ihrer Nahrung ist, ebenso ihre geringen geistigen Fähigkeiten derselben ihre Entstehung verdanken, woher kommt es dann, dass die Einhufer und von den Zweihufern die Moschiden, Antilopina, wildlebenden Ziegen und Schafe zierliche, wohl ausgerüstete Körper besitzen und sich auch geistig über das Mass der Phytophagen erheben? Alle diese Tiere sind entweder Bewohner der felsigsten Gegenden, rauher Gebirge und steigen dann bis in die Schneeregion auf, oder sie bewohnen Steppen und Wüsten. „Die meisten leben in Gegenden, die so unfruchtbar sind, dass man glauben könnte, es könne darin kaum eine Heuschrecke Nahrung finden. Dabei sind sie sehr wählerisch in der Nahrung, die Antilopen geniessen nicht nur nicht andere Kräuter, wie die mit ihnen gleiche Wohnorte teilenden Einhufer, sondern jede Art scheint ein besonderes Lieblingsfutter zu haben, und dieses bedingt ihren Aufenthalt.“ D. h. alle diese Tiere nehmen minimale Quantitäten von Nahrung zu sich. Sie müssen ausserdem oft ihre Standplätze wechseln um neue Nahrung zu suchen, wodurch starker Stoffwechsel bei ihnen unvermeidlich ist. Aus allen diesen Gründen geht hervor, dass die Tiere gewissermassen in einem permanenten Hungerzustande sich befinden. Nun hat aber Jäger darauf hingewiesen, dass ein hungriger Mensch, ein hungriges Tier stärker umgetrieben wird, als wenn es gesättigt ist. „Personen, die stets in gelindem Hungerzustande umhergehen, sagt er,[50] sind voll heftiger Triebe, haben z. B. auch heftigeren Geschlechtstrieb als satte Existenzen, die es nie zu wirklichem Hunger kommen lassen. Deshalb ist das hungernde Proletariat ein turbulentes Element mit starkem Ausdünstungsduft und vielen Kindern." Dass dieses Gesetz auch bei den Tieren zutreffen muss, ist zweifellos, und ich erinnere nur an den intensiven Bocksgeruch der Ziegenböcke. Kommen diese Tiere in reiche Nährstoffgebiete, werden sie z. B. als Haustiere erzogen (Ziegen, Schafe), so zeigt sich bei ihnen die Wirkung der Pflanzennahrung in schärfster Weise. Sie werden körperlich schwerfällig und plump, und ihre geistigen Fähigkeiten sinken sofort auf ein Minimum herab.

Eben dasselbe geschieht bei den Pferden, nur durch Trainiren können dieselben schlanke Bauart erlangen; Pferde auf guter Weide werden in wenigen Generationen plump und schwerfällig.[51]

Es bildet also die leibliche Ausrüstung der Antilopen u. s. w. nur scheinbar eine Ausnahme von dem allgemeingiltigen Entwickelungsgesetz der Phytophagen.

Der Mensch und seine Nahrung.

Der Mensch ist ein omnivores Tier, da der Bau seiner Verdauungsorgane in physiologisch-chemischer Hinsicht eine Mittelstellung zwischen demjenigen der Pflanzen- und Tierfresser einnimmt; trotzdem ist der Mensch nicht gezwungen, ausschiesslich omnivor zu leben. „Die Bewohner der pflanzenarmen nordischen Gegenden leben beinahe ausschliesslich von tierischen Nahrungsmitteln, vorzugsweise von Fischen; in den Tropenländern, wo die

Erfahrung gelehrt hat, dass reichlicher Fleischgenuss Krankheiten zur Folge hat, herrschen vegetabilische Speisen vor, bei den Hindus, Malaien, Egyptern u. s. w.; in den gemässigten Climaten ist das Gleichgewicht zwischen diesen Extremen hergestellt."[52] Diese Gruppen gliedern sich ihrer Nahrung nach wiederum in einzelne Kreise, ja man kann mit vollem Rechte sagen: Jedes einzelne Individuum hat seine besondere Nahrung, denn selbst unter Geschwistern weicht die Nahrung wesentlich ab. Die Speisenkarte der Bauern z. B. ist eine andere als die des gebildeten Städters. Gewisse Delicatessen der Städter: Austern, Vogelnester, Schildkröten u. s. w., erregen den Bauern Abscheu und Eckel, sie kommen nie über seine Lippen. Verächtlich nennt er die Städter Kotfresser und fügt selbstbewusst hinzu: Was der Bauer nicht kennt, das isst er nicht. Sein Nährstoffkreis ist in Folge dessen eng begrenzt, hauptsächlich vegetabilisch, während der Städter mehr animalische Nahrung bevorzugt.

„Nun legt die Geschichte Zeugnis dafür ab, dass die höchsten Leistungen des Menschengeschlechts von Völkern ausgegangen sind, welche von gemischter Kost lebten und leben" (Virchow),[53] und wir finden, dass die Städter den Bauern an Geist überlegen sind. Ja wir sehen die polyphagen (ackerbautreibenden) Stämme und Völker beständig sich ausdehnen, während die mehr monophagen Stämme zurückgedrängt werden.

Fast alle grossen Männer liebten eine gute, abwechselungsreiche Nahrung und waren nicht selten Schlemmer; dieses Bedürfnis nach Abwechslung entspricht nicht immer Launen, wie die geistlose Menge glaubt, sondern dem geistigen Bedürfnis; ein jeder, geistig stark angestrengt arbeitende Mensch kennt dieses nagende Verlangen nach Abwechslung. Es wurden also die höchsten Thaten von den omnivorsten unter den omnivoren Menschen hervorgebracht.[54]

Unter allen Nährstoffen des Menschen nimmt Fleisch die erste Stelle ein.

Vor allem unterstützt Rindfleisch geistige und körperliche Anstrengung, Hammelfleisch steht tiefer in seiner Wirkung, die Mittelstellung nimmt Schweinefleisch ein. Man sagt, dass der englische Schauspieler Kean die Arten des Fleisches, das er genoss, der Rolle, die er gerade zu spielen hatte, anpasste, und Hammelfleisch für Liebhaber, Rindfleisch für Mörder, Schweinefleisch für Tyrannen wählte. (Smith.)[56]

„Vor allen Fleischarten zeichnet sich das Wildpret durch Verdaulichkeit und durch seine anregende Wirkung aus.

„Das Fleisch der Vögel ist von mildem Geschmack, nur wenig geistig anregend, daher es gewöhnlich Reconvalescenten zur Nahrung empfohlen wird. Trotz einer grossen Charakterähnlichkeit, an der es leicht erkennbar ist, bestehen sehr merkwürdige Unterschiede dem Geschmacke nach, je nach der Natur, Rasse, Ernährung und dem Futter des Vogels. Das Fleisch des zahmen Geflügels weicht bei verschiedenen Gattungen bedeutend in Fülle und Zartheit des Geschmackes ab, und das der Grasfresser ist sehr leicht von dem der Fleischfresser zu unterscheiden. Das Fleisch der Fischfresser ist uns unangenehm und selbst das des gezähmten Geflügels, wie z. B. der Enten kann durch Fischnahrung widrig gemacht werden. Der Geschmack des wilden Geflügels ist voller und kräftiger als der des zahmen und das Fleisch reicher an stickstoffhaltigen, aber ärmer an kohlenstoffhaltigen Verbindungen. (Smith.)[57] Dass somit die Wirkungen der verschiedenen Fleischarten verschieden sind, versteht sich von selbst.

„Fische besitzen verglichen mit warmblütigen Tieren wenig eiweissartige Substanzen in ihren Muskeln.[58]

„Der verschiedenen Wirkung der Fleischnahrung entspricht das Verhalten der von Fleisch lebenden Völkerschaften.[59] Die von der Jagd lebenden Indianer des nördlichen und südlichen Amerika, ebenso die Ostiaken sind blutreich und mit kräftigen Muskeln versehen und zeichnen sich durch lebhafte plastische Bewegungen aus; ebenso die Nomaden, welche auf Viehzucht angewiesen sind: die Tartaren, Kalmücken, Kirgisen, Kaffern.“ Diese Völker sind mutig, listig, kriegslustig, bewegungslustig und in Aufregung grausam, blutdürstig. „Eine viel schwächere Muskulatur haben schon die Völkerschaften, die ausschliesslich von Fischen sich nähren, so die Lappen, Samojeden u. s. w.“ Geistig stehen sie tiefer. Von den europäischen Völkerschaften sind die Engländer am meisten sarkophag, daher die Lust an körperlichen Uebungen und gefahrbringenden Unternehmungen. ihr Ernst und ihre Abgeschlossenheit; ihre Freude an blutigen Schaustellungen (Hahnenkampf, Boxen, Jagd), bekundet eine gewisse Blutgier.

Hierher gehört eine Beobachtung Brückes.[60] „Ein Teil der ländlichen Bevölkerung an den Seen Oberösterreichs und des Salzkammergutes leidet unter dem Mangel an Fleischnahrung. Die Leute essen nicht gerade wenig. sie hungern nicht: aber sie essen unzweckmässig. Dass sie wirklich unter dem Mangel an Fleischnahrung leiden, davon überzeugt man sich am besten, wenn man von Dorf zu Dorf geht und sich überall die Familie des Fleischhauers ansieht. Diese scheint immer einer anderen Menschenrace als die übrige ländliche Bevölkerung anzugehören.“ (Ist auch psychologisch der Unterschied ein auffälliger? Im gewöhnlichen Leben gelten die Fleischer für rüde Gesellen.)

Ein Teil der Vegetabilien führen Verminderung der Verdauungssäfte herbei.[61] so die Cerealien, welche einen reichlichen Klebergehalt besitzen oder viel Cellulose und wenig Wasser enthalten und deshalb eine reichliche Menge Wasser aufsaugen, sodass die Thätigkeit der Drüsen nicht nachkommen kann und die Chylification bedeutend erschwert wird. Auf diese Weise lassen sich die Schwerverdaulichkeit von Brod, namentlich Roggenbrod am einfachsten erklären. Solche Speisen sind, wie allbekannt, häufig blähend und werden nur von sehr gesunden Verdauungsorganen gehörig vertragen. Auch Pflanzen, welche Gerbsäure besitzen, Linsen, Ackerbohnen u. s. w. sind schwer verdaulich.“ — Wir haben schon gesehen, wie diese vegetabilischen Nährstoffe den Magen und die Darmwandungen beeinflussen, wie sie eine Vergrösserung derselben herbeiführen. Dasselbe tritt auch bei den Menschen ein. — Ihre Einwirkung auf das Nervensystem ist eine geringere. wie wiederum die ausschliesslich von Vegetabilien lebenden Völkerschaften beweisen. „Die Vegetarianer der Tropen, Hindus, Malaien, Egypter haben dünne und weiche Muskeln, sind energie- und mutlos und unterwerfen sich jedem Feinde.“ —

„Ein anderer Teil der Vegetabilien führt eine reichliche Absonderung des Magensaftes herbei,[62] so wirken alle ätherischen Oele, sie sind Reizmittel, sie finden sich in Wurzeln, Früchten und Zwiebeln, in ähnlicher Weise wirken Kaffee und Thee, welche diese Eigenschaften ihrem Gehalte an ätherischen Oelen verdanken, so wirken auch alkoholische Getränke vom Bier bis zum Branntwein. Die Nerventhätigkeit wird durch sie erhöht, es entsteht eine stärkere Reizbarkeit, Neigung zu heftigen Affekten, wie namentlich der häufige Genuss von Pfeffer erzeugen soll und überdies verscheuchen sie den Schlaf. Eine auffallende Leidenschaftlichkeit, die sich bei manchen Bewohnern der Tropenländer in einem Grade findet, wie sie nicht leicht in dem gemässigten Klima vorkommt, hängt mit dem häufigen Genuss erhitzender Getränke zusammen.“

„Die anregende Wirkung von Thee, Kaffee und Wein sind unter sich sehr verschieden.“

„Wein- und Kaffeehäuser sind recht geeignet die Verschiedenheit der Wirkung jener beiden Getränke nachzuweisen.[63] Dort herrschen Stille, Anstand, Ernst und Beschäftigung mit Lesen oder das Nachdenken in Anspruch nehmende Spiele. Hier dagegen Geräusch, lebhaftes Reden und Ausbrüche von heftigen Affekten. Die Phantasie ist geschäftig, daher in Dingen, welche keine lange, besonnene Prüfung erfordern, Klarheit und Bestimmtheit im Urteil, Witzreichtum u. s. w.“

Aehnliche Wirkung wie die ätherischen Oele hat der Zucker. „Der Zucker ist Wärmebildner (Respirationsmittel), denn er übt nicht allein grossen, schnellen Einfluss auf den Athmungsprocess, sondern wird gänzlich in Kohlensäure und Wasser verwandelt, welche beide durch die Lunge aus dem Körper ausgeschieden werden (wohl nur beim Menschen, und auch wohl dort nicht ganz, sicherlich nicht bei Insekten, die nur von Nektar leben Verf.). Seine Wirkung ist eine sehr schnelle, beginnt 5 bis 10 Minuten, nachdem er in Lösung genossen ist, erreicht seinen Höhepunkt in ungefähr 30 Minuten und verschwindet in zwei Stunden. (Smith.)"[64]

Die Wirkungen der ätherischen Oele und Zucker treten schnell ein, sind heftig. aber von kurzer Dauer.

Es kann endlich jedes Reizmittel zu einem Bedürfnis werden,[65] d. h. der Organismus hat bestimmte Veränderungen durch die Einwirkung des betreffenden Stoffes erlitten und die Veränderungen fordern nun ihrerseits den bestimmten Stoff zu ihrer Erhaltung. Es ist somit das Reizmittel zu einem Nährstoff geworden. Dieses Bedürfnis kann vererbt werden, so ist Trunksucht oft erblich. Es scheint mir die grosse Lebhaftigkeit derjenigen Individuen, welche von süssen Säften und Früchten leben auf die anregende Wirkung der ätherischen Oele. des Zuckers zurückgeführt werden zu können. Solche Tiere sind die von Nektar lebenden Insekten, die Papageien, fruchtfressende Tauben und Affen. Die auffällige Verschmälerung des Leibes bei vielen dieser Tiere beruht sicherlich auch auf der Einwirkung der Nahrung. Aetherische Oele, Zucker u. s. w. sind leicht zersetzbar. es bedarf der Magen daher nur geringer Muskelkraft zu ihrer Verarbeitung, auch sind die Fäces sehr gering, was Verdünnung der Darmwandungen und Verschmälerung des Hinterleibes zur Folge hat.

Das Menschengeschlecht lehrt uns mithin: Jedem Nährstoffe eines tierischen Organismus kommt eine bestimmte physiologische und psychologische Wirkung zu. Und fügen gleich hinzu: Jedes tierische Individuum ist, ebenso wie jede Pflanze ein Produkt seiner Nahrung und derjenigen seiner Vorfahren.

III. Abteilung.

Entwicklungsgesetz.

Der Kampf um die Nahrung.

Im vorigen Abschnitt wurde bewiesen, dass jedem Nährstoff eine besondere, nur ihm eigentümliche physiologische und psychologische Wirkung auf den tierischen Organismus zugestanden werden muss, und dass ebenso wie bei den Pflanzen auch bei den Tieren ein Uebergang von einer Nahrung zur andern neue Arten erzeugt. Es giebt nun eine Reihe von Tieren. welche nie zu einem Nahrungswechsel gezwungen werden können: Es sind das streng monophage Tiere. Eine Reihe von Schmetterlingsraupen zeigt diese Eigentümlichkeit besonders deutlich. Diese Arten sind natürlicherweise absolut constant.[66] So lange ihre Nährpflanze besteht. bestehen auch sie. falls sie nicht schon früher von stärkeren Individuen verdrängt werden; verschwindet die Nährpflanze aus der Reihe der belebten Individuen, so erlischt mit ihr das von ihr abhängige. monophage Geschöpf.

Das Gegenteil der monophagen Tiere sind die Omnivoren: zahlreiche Stoffe dienen ihnen zur Nahrung, und je grösser ihr Nährstoffkreis ist, desto besser sind sie physiologisch und psychologisch entwickelt. Es kommt dazu, dass die Arten der Omnivoren. eben weil sie alles fressen. einen sehr grossen Verbreitungsbezirk haben: Ameisen. Bären und Menschen sind fast über die ganze Erde verbreitet. — Es ist nun sehr wichtig, dass die Allesfresser von Tieren und Pflanzen leben können, jedoch nicht zu einer solchen Lebensweise gezwungen sind; sie können ausschliesslich von Fleisch und ausschliesslich von Pflanzen leben. wofür die Vegetarianer ein Beispiel bieten; ausserdem besitzen viele Allesfresser, wie bekannt. besondere Vorliebe für einzelne ihrer Nährstoffe: Ein Teil der russischen Bären zum Beispiel lebt hauptsächlich von Hafer, ein anderer von Honig, wieder andere von Ameisen und Fleisch; ja viele dieser Tiere werden oft gezwungen werden. nicht omnivor zu leben: In tierarmen Gegenden müssen sie sich hauptsächlich an Pflanzenkost halten. während sie sich in besonders tierreichen Gegenden mehr der Fleischnahrung zuneigen werden. Es wurde nun schon früher nachgewiesen, dass je grösser der Nährstoffkreis eines Individuums ist, um so besser dasselbe physiologisch und psychologisch entwickelt sei. es folgt daraus mit Notwendigkeit, dass jede Abweichung von der omnivoren Nahrung eine Degeneration und Degradation bezeichnet. Verfolgen wir einmal solche Abzweigung vom omnivoren Stamm. In tierarmen Gegenden werden die Allesfresser hauptsächlich von Pflanzen leben, in Folge dessen werden zuerst ihre Verdauungsorgane geringe Veränderungen erleiden; es wird der Magen dickwandiger u. s. w. Das Tier wird plumper; auch nehmen die geistigen Fähigkeiten ab. Diese anfangs geringen Umänderungen nehmen zu, je besser das Tier sich der Pflanzennahrung anpasst; die Fähigkeit des Individuums, Fleischnahrung zu geniessen, erlischt damit allmählich, so sind aus den Allesfressern reine Pflanzenfresser geworden.[67] Diese Pflanzenfresser haben anfangs ein ziemlich reiches Nährstoffgebiet: sie werden Früchte und Blätter, vielleicht auch Wurzeln der Pflanzen zur Nahrung benutzen; allmählich wird aber auch hier wieder eine Differenzirung unter den Individuen eintreten: Ein Teil derselben wird sich ausschliesslich von Früchten, ein anderer ausschliesslich von Wurzeln, ein dritter ausschliesslich von Blättern nähren. Es werden Baumtiere entstehen und solche, welche nur auf dem Lande leben; und es werden in allen Fällen durch den Gebrauch und Nichtgebrauch einzelner Glieder und durch direkte Einwirkung der Nahrung einzelne Teile des Organismus stärker entwickelt werden, andere zurückbleiben und verkümmern, und es werden dadurch beständig neue Arten entstehen. Es wird diese Differenzirung fortschreiten, bis der Zweig sich in zahllose monophage Individuen aufgelöst hat. Diese verlieren endlich die Befähigung, sich neuer Nahrung anzupassen, sie erleiden den Artentod, damit hat die Entwicklung dieses Zweiges natürlicherweise ein Ende.

Nicht alle Individuen werden zu gleicher Zeit zu monophagen Tieren, einige werden längere, andere kürzere Zeit auf der einmal erreichten Stufe stehen bleiben, allmählich aber wird auch bei den zähesten Individuen diese Degradation eintreten, auch sie werden damit monophag werden. — Diese zurückbleibenden Tiere sind unendlich wichtig, weil sie den Weg bezeichnen, den die Entwicklung genommen hat.

Auf der andern Seite werden eine Reihe von omnivoren Tieren zu reinen Zoophagen degenerirt. Ihr Organismus kann dadurch allerdings nach einer Richtung hin vervollkommnet werden.

Die Tiere werden sicherlich gewandter. schneller, lebhafter u. s. w., auch werden sie entweder im Klettern oder Laufen oder Schwimmen vorzügliches leisten, aber sie werden nicht klettern, laufen und schwimmen. wie die Allesfresser: sie verlieren vor allem die Universalität des omnivoren Organismus. Die anfangs polyphagen Zoophagen werden sich allmählich in verschiedene Gruppen spalten, es wird ein Teil ausschliesslich Insekten verzehren, ein anderer Teil Reptilien, ein dritter Säugetiere u. s. w., dabei wird es an Zwischengliedern nicht fehlen. Es werden aus diesen Tieren wiederum durch Verengung der Nahrung divergirende Arten entstehen, bis endlich auch die Zoophagen in ihren letzten Nachkommen monophag geworden sind, und den Artentod erleiden.

Es wird endlich sowohl bei Pflanzen- wie Tierfressern vorkommen, dass einige Individuen sich andere Individuen zu ihrer Nahrung wählen, die sie nicht überwältigen können, und denen sie daher Säfte entziehen; aus ihnen entwickeln sich die Schmarotzer, auch sie werden anfangs polyphag sein, allmählich aber monophag werden.

Es sind bis jetzt diejenigen Arten besprochen worden, welche in gewissem Sinne eine Degeneration erleiden und Abweichungen vom Stammbaum darstellen, es fragt sich nun, wie entstehen aus den schon vorhandenen Individuen vollkommner entwickelte.

Wir haben gesehen, dass die Allesfresser die am höchsten entwickelten Individuen sind und zwar deshalb, weil sie die reichhaltigste Nahrung besitzen; es werden aus diesen Allesfressern dann höher entwickelte Individuen entstehen, wenn einzelne ein noch reichhaltigeres Nährstoffgebiet erlangen. Diese Anpassung geschieht auf folgende Weise: Es trennen sich, wie wir gesehen haben, von dem Stamme der Allesfresser beständig Individuen ab, welche ihr Nahrungsgebiet verengern, und dadurch entweder zu Fleisch- oder Pflanzenfressern werden; eine Reihe der übrig gebliebenen Omnivoren behält nicht nur seine ursprüngliche Nahrung bei, sondern erwählt auch die neu entstandenen degenerirten Individuen zu seiner Ernährung. Dadurch wird ihr Nährstoffkreis bedeutend vergrössert und sie erlangen mithin eine Weiterentwicklung. Von diesen höher entwickelten Omnivoren trennen sich wiederum Individuen als Fleisch- und Pflanzenfresser ab. wiederum passen sich einzelne von den übrig gebliebenen Allesfressern dieser neuen Nahrung an und wiederum rücken sie in der Entwicklung fort u. s. w. Beständig entwickelt sich der Stamm der Allesfresser fort und zwar dadurch. dass beständig einzelne Individuen von der omnivoren Nahrung abweichen und so degeneriren; sie dienen anderen Allesfressern zur Nahrung und bewirken so eine langsame Entwicklung des Allesfresserstammes.

Also das am höchsten entwickelte omnivore Tier stammt unmittelbar von einem unter ihm stehenden omnivoren Geschöpfe ab. dieses wiederum direct von einem weniger hoch entwickelten u. s. w.: es ist mithin der Mensch ein gradliniger Nachkomme des ersten (omnivoren) Tieres. Aber er ist nicht der einzige dieser Art. Es hat der Stamm oft mehrere gleichartige Aeste getrieben, so stieg z. B. ein Teil der omnivoren Articulaten ans Land und gab hier Veranlassung zur Bildung der Insekten, deren Spitze gegenwärtig in den Wespen (und Ameisen) zu erblicken ist; so sind die Vögel aus Omnivoren entstanden. und später werden wir sehen, dass ein Zweig der polyphagen Säugetiere Flugapparate erlangte. während ein anderer Teil ins Wasser ging. ein dritter auf dem Lande sich fortentwickelte.[68] —

Geraten omnivore Geschöpfe mit ihren Stammeltern in Kampf um die Nahrung, so werden natürlicherweise die ersteren siegreich sein. da sie physiologisch und psychologisch höher stehen als ihre Stammformen. Es wird daher die neue Art die Nährkreise ihrer Vorfahren einnehmen und wird sich ungehindert ausbreiten, indem sie die nicht fortentwickelten Omnivoren vernichtet. Dasselbe geschieht aber auch, wenn degenerirte Arten in Kampf geraten. Wenn rein phytophage Insekten mit von gleicher Nahrung lebenden Reptilien. Vögeln, Säugetieren und Vegetarianern um die Nahrung zu kämpfen gezwungen sind, so werden im allgemeinen die Insekten von den Reptilien. beide von den Vögeln, alle drei von den Säugetieren und endlich alle vier von den Menschen verdrängt worden. Dasselbe tritt ein, wenn zóophage Insekten, Reptilien, Säugetiere und Menschen in Conflict geraten. — Es sieht hier jeder, dass nicht die bessere Anpassung an die Nahrung den Ausschlag giebt, denn alle Individuen sind gleich gut an die Nahrung angepasst, da sie rein phytophag oder zoophag sind, sondern die höhere Structur des Organismus. Das betreffende Individuum hat aber deshalb einen hoch organisirten Organismus, weil es von einem höher entwickelten Omnivoren abstammt. Wir gelangen mithin zu folgendem Satz: Nicht dasjenige Individuum, welches am besten der Nahrung angepasst ist, geht siegreich aus dem Kampfe um die Nahrung hervor, sondern dasjenige, welches phylogenetisch höher steht als sein Nebenbuhler. Damit soll nicht gesagt sein, dass alle niedriger stehenden Individuen verdrängt werden müssen. Wo Nahrung in Menge vorhanden ist, werden die verschiedenen Entwicklungsstadien friedlich neben einander wohnen, nur dort, wo Not an Nahrung ist, wird die völlige Verdrängung stattfinden, dadurch werden allmählich die ursprünglich einheimischen Arten in viele Bezirke getrennt werden, Inzucht treiben, um so constanter werden, aber auch um so sicherer dem Untergange geweiht sein.

Ich habe gesagt, dass aus omnivoren Individuen, indem einzelne derselben ihren Nährstoffkreis erweitern, neue omnivore Arten entstehen. Nun könnte jemand diesen Satz verallgemeinern und behaupten: wenn die Omnivoren ihren Nährstoffkreis ausdehnen können, so können es auch die anderen degenerirten Arten und damit fällt der ganze Stammbaum zusammen. Theoretisch mag dieser Satz richtig sein, in der freien Natur ist er es sicherlich nicht. Die degenerirten Arten verlieren, wie schon erwähnt, bei der Umwandlung in reine Fleisch- uud Pflanzenfresser die Universalität des omnivoren Organismus; sie vervollkommnen sich in einer Fähigkeit, sinken dafür in der anderen um so tiefer, damit sind zugleich die Grenzen angegeben, in denen ihre Entwicklung fortschreitet:

Die vielen Baumbewohner unter den Säugetieren (Affen z. B.), welche im Wasser sofort untersinken, werden nie dazu geführt werden, ihre Nahrung im Wasser zu suchen. Umgekehrt werden die Wale nie Landbewohner werden. Die Raubvögel gehen nach Brehm zu Grunde, wenn ihnen reines Fleisch zur Nahrung gereicht wird, und sie in Folge dessen kein Gewöll ausspeien können. Am deutlichsten wird dieser Satz durch die Schmetterlinge, durch die mit Schöpfrüsseln versehenen Zweiflügler, die Parasiten u. s. w. bewiesen; es sieht hier auch der blödeste Verstand ein, dass diese Gattungen und Arten niemals wesentlich andere Nährstoffgebiete sich werden nutzbar machen können.[69] —

Es kommt endlich noch ein für alle degenerirten Arten geltendes Gesetz hinzu: Sämmtliche Nährstoffgebiete sind bereits von höher entwickelten Individuen besetzt, sollten degenerirte Arten daher wirklich ihren Nährstoffkreis ausbreiten, so werden sie mit den höher entwickelten Arten in Kampf geraten und darin zu Grunde gehen; oder hält es ein Naturforscher für möglich, dass eine der gegenwärtig lebenden Tierarten dem Menschen die Herrschaft über die Welt streitig machen könnte?[70]

IV. Abteilung.

Die Abstammung der höheren Säugetiere.

Prüfen wir zum Schluss nach den soeben entwickelten Gesetzen die Abstammung der höheren Säugetiere.

Ein Omnivore, so hiess es im vorigen Kapitel, ist der direkte Nachkomme eines unmittelbar unter ihm stehenden Omnivoren. Dieses Gesetz hat natürlicherweise auch für die Abstammung des Menschen seine Giltigkeit. Nun sind aber die Affen, von denen der jetzt herrschenden Ansicht nach der Mensch seinen Ursprung herzuleiten hat, keine Allesfresser, folglich, so müssen wir schliessen, können sie auch nicht die Stammeltern des Menschen sein; die unmittelbar unter dem Menschen stehenden Allesfresser sind ohne Zweifel die bärenartigen Omnivoren, mithin stammt der Mensch von den Bären ab.

Ehe wir diesen Sätzen weiter nachspüren, wird es wichtig sein, die Abstammung der Affen festzustellen. Diese Frage ist auch dann berechtigt, wenn man die Abstammung des Menschen von den Affen als richtig festzuhalten geneigt ist. Auch die Affen sind, wie wir sehen werden, aus den Bären hervorgegangen und zwar aus den Klein-Bären, Subursina; während der Mensch seinen Ursprung von den Gross-Bären herleitet.

Die Familie der Bären zerfällt gegenwärtig in zwei Unterfamilien in Land- oder Gross-Bären, Ursina, und in Klein- oder Baum-Bären, Subursina. Die letzteren sind ausschliesslich Baumtiere und zeichnen sich vor den ersteren hauptsächlich durch den Besitz eines langen Schwanzes aus. Es wird wohl von niemand widersprochen werden, wenn ich behaupte, dass beide Unterfamilien Abzweigungen von einem gemeinsamen Stamme sind: es muss also einst Bären gegeben haben, welche Landbewohner waren, zu klettern vermochten und einen langen Schwanz besassen. Diese Geschöpfe, die „geschwänzten Landbären", wie ich sie kurz nennen will, bilden den Knotenpunkt, von dem die höheren Säugetierarten ausgestrahlt sind. — Sie selbst stammen von omnivoren Beuteltieren ab, welche die zu Pflanzen- und Fleischfressern degenerirten Beuteltiere zur Nahrung benutzten. Es ist dieser Fortschritt von den omnivoren Beuteltieren, zu den geschwänzten Landbären auch deshalb natürlich, weil die Beuteltiere ausschliesslich oder fast ausschliesslich Sohlengänger sind, mithin den Bären von allen anderen höheren Säugetieren am nächsten stehen.

Noch gegenwärtig zeigen die Bären eine grosse Befähigung zur Bildung neuer Arten: nicht nur weil sie omnivor sind, sondern auch aus physiologischen Gründen. Die Bären laufen, klettern, schwimmen und gehen aufrecht. Nun ist leicht anzunehmen, dass auch gegenwärtig aus ihnen Tierklassen hervorgehen könnten, welche sich in einer dieser Fortbewegungsarten wesentlich vervollkommneten, in den anderen in Folge dessen um so mehr zurückblieben. Einst ist das thatsächlich der Fall gewesen.

Von den geschwänzten Landbären trennten sich zuerst zwei Formationen ab: Pflanzen- und Fleischfresser.[71] Die Pflanzenfresser bilden gegenwärtig die Reihe der Huftiere. Die Fleischfresser sind die Caniden und Hyäniden.

Von den Pflanzenfressern, den Huftieren, stehen die Artiodactyla den Bären in der Nahrung am nächsten. Es werden daher die Vorfahren dieser Tiere, die nebenbei bemerkt 5 Zehen besassen und den Tapiren ähnlich gewesen sein mögen, als die erste Stufe der Degeneration zu betrachten sein.[71] Von ihnen stammen als Sumpfbewohner ab die Tapire, als deren Ausläufer die Elephanten und Sirenen[72] anzusehen sind, von denen die letzteren sich völlig an ein Leben im Wasser angepasst haben. — Auf dem festen Lande entwickelten sich aus den Artiodactylen die Zweihufer und Einhufer: Bisulca und Solidungula.

Von den geschwänzten Landbären stammen ferner ab die Fehlzähner, Edentata. Das Zwischenglied zwischen diesen und den Bären findet sich im Lippenbären, Ursus labiatus. „Es wurde dieses Tier einst,“ schreibt Brehm, „als bärenartiges Faultier, Bradypus ursinus, beschrieben. Die Beine desselben sind stark faultierartig. Der flache, breite und plattstirnige Kopf dieses Tieres ist in eine lange, schmale, zugespitzte und rüsselartige Schnauze von höchst eigentümlicher Bildung verlängert. Der Nasenknorpel nämlich breitet sich in eine flache und leicht bewegbare Platte aus, auf welcher die beiden in die Quere gezogenen und durch eine schmale Scheidewand von einander getrennten Nasenlöcher münden. Die Nasenflügel, welche sie seitlich begrenzen, sind im höchsten Grade beweglich, und die langen, äusserst dehnbaren Lippen übertreffen sie hierin noch. Sie reichen schon im Zustande der Ruhe ziemlich weit über die Kiefern hinaus, können aber unter Umständen so verlängert, vorgeschoben, zurückgelegt und umgeschlagen werden, dass sie eine Art Röhre bilden, welche fast vollständig die Fähigkeit eines Rüssels besitzt. Die lange und platte, weit ausstreckbare, vorn abgestutzte Zunge hilft diese Röhre mit herstellen und verwenden, und so ist das Tier im Stande, nicht blos Gegenstände aller Art zu ergreifen und an sich zu ziehen, sondern förmlich an sich zu saugen.“ Diese Rüsselbildung zeigen die Ameisenfresser in ihrer Vollendung. — „Verschiedene Wurzeln und Früchte, Insekten, besonders Ameisen bilden seine Nahrung und seine langen Krallen liefern ihm beim Graben nach Ameisen gute

Dienste; selbst die festen Termitenbaue soll er mit Leichtigkeit zerstören können.“ In dieser Nahrung liegt der Keim für die Ausbildung der baumbewohnenden Faultiere und der fast monophagen Ameisenfresser. —

Aus den geschwänzten Landbären sind endlich die ungeschwänzten Landbären entstanden, diesen verdanken die Robben ihre Entstehung. Der Eisbär bildet den Uebergang von ihnen zu den Landbären.[78]

Von den Baumbären stammen ab: als reine Fleischfresser die Katzen und die Schleichkatzen. Es widerspricht diese Ansicht der bis jetzt herrschenden, welche Hunden und Katzen gleichen Ursprung zugesteht. Die meisten Katzen aber sind Baumtiere und leben in Wäldern: sie klettern vorzüglich und üben diese Kunst von Jugend auf. Nur zwei resp. drei Katzen besitzen nicht die Fähigkeit zu klettern: Löwe und Tiger; aber schon die nächsten Verwandten dieser Tiere beweisen, dass auch Löwen und Tiger einst Baumtiere gewesen sein müssen, und nur durch den beständigen Aufenthalt in den baumlosen Steppen die Kletterfähigkeit verloren haben; wie ja auch der Grislebär nur noch in der Jugend zu klettern vermag. Puma concolor, der nächste Verwandte des Löwen klettert zwar auch nicht mehr, ist aber in gewissem Sinne noch Baumtier. „Der Jagd wegen besucht er die hohen, grasbewachsenen Ebenen, flüchtet aber sobald er von Menschen verfolgt wird dem Walde zu. Er besteigt die Bäume mit einem Satz und springt ebenso wieder von oben nach unten, klettert und läuft auf den Aesten fort.“ Der Jaguar, der nächste Verwandte des Tigers klettert.

Auch die ausserordentliche Beweglichkeit des Katzenschwanzes spricht für die Abstammung der Katzen von Baumtieren, sie deutet darauf hin, dass der Schwanz der katzenartigen Tiere einst ein Wickelschwanz gewesen ist.

Endlich lässt sich auf das Baumleben zurückführen die Eigentümlichkeit aller Katzen, Beutetiere, welche sie im Sprunge verfehlt haben, nicht ferner anzugreifen. Baumtiere werden nicht leicht in die Lage kommen nach ein und demselben Tiere einen zweiten Sprung zu thun, da sie erst festen Fuss fassen müssen und so dem bedrohten Tiere Gelegenheit geben zu fliehen. Auch das Anschleichen an die Beute gehört dahin u. s. w.

Es giebt auch ein Tier. welches den Uebergang von den Bären zu den Katzen veranschaulicht. Es ist der Wickelbär. Cercoleptus candivolulus. „Dieses Tier erscheint, sagt Brehm, als ein Mittelglied zwischen Bär und Marder (mit demselben Rechte konnte er sagen: zwischen Bär und Katzen). wie der Arctitis Binturong nach einigen Forschern ein Mittelglied zwischen Bär und Schleichkatze darstellt. Der Wickelbär hat einen gestreckten Leib, kurze Füsse und mit einziehbaren Krallen bewehrte Zehen. Beim Gehen tritt er mit ganzer Sohle auf. Der Schwanz ist von mehr als Körperlänge und ein echter Wickelschwanz. Seine Lebensweise ist eine rein nächtliche.“ —

Von den Baumbären stammen ferner ab die Flattertiere Chiroptera; Galeopithecus volans bildet den Uebergang. —

Endlich stammen von den Baumbären die Affen ab. „Der Waschbär, Procyon Lotor.“ sagt Brehm, „kann als Mittelglied zwischen Bären und Affen angesehen werden.“ Er nennt ihn sogar „den Bärenaffen“ und schildert seine Lebensweise wie folgt: „Sein Benehmen erinnert in jeder Hinsicht an das Gebahren der Affen. er weiss sich immer mit etwas zu beschäftigen; benutzt seine Pfoten nach Art der Hände. denn feste Nährstoffe bringt er mit beiden Pfoten zu Munde. wie denn überhaupt eine aufrechte Stellung auf den Hinterbeinen ihm nicht die geringste Schwierigkeit macht. Er klettert sehr geschickt an senkrechten und wagrechten Aesten herum und oft sieht man ihn. wie ein Faultier oder einen Affen mit gänzlich nach unten hängendem Leib rasch an wagrechten Zweigen fortlaufen.“ — Als nächste Nachkommen der Klein-Bären sind die Krallenaffen, Arctopitheci, zu betrachten. „Mit Ausnahme der Daumenzehe des Fusses haben diese Tiere an allen Fingern und Zehen schmale Krallennägel, an der Daumenzehe aber einen hohlziegelförmigen Nagel. ausserdem besitzen sie krallenartige Hände. deren Daumen den anderen nicht gegenübergesetzt werden kann, während das bei der Daumenzehe der Fall ist: es sind also bei ihnen die Hände eigentliche Pfoten. und nur die

Füsse zeigen ähnliche Bildung wie bei den Affen.“ Sehr wichtig ist aber, dass sie auf dem Boden mit ganzer Sohle auftreten, und dadurch ihre Abstammung von Sohlengängern beweisen. Sie besitzen einen langen, oft buschigen Schwanz. „Auf sie folgen die Schlaffschwänze, Aneturae, mit völlig behaartem nicht greiffähigem Schwanze. Den Uebergang zu den Neuweltsaffen mit Rollenschwänzen bilden die Saimiris, Pithesciurus. Sie besitzen keinen wahren Rollschwanz; doch kann er um mehr als einen halben Umgang um die Zweige gewunden werden, und giebt dadurch den Tieren einen grösseren Grad von Sicherheit. Aus ihnen gingen die Rollschwanzaffen, Cebiden, hervor (der Schwanz kann bereits um die Aeste gewickelt werden); dann folgen die Wickelschwanzaffen, Gymnurae.“

Die Altweltaffen stammen natürlicherweise auch von Baumbären ab, jedoch scheinen die letzteren gänzlich verdrängt worden zu sein. Aus diesen Baumbären gingen die Lemuren hervor; dann folgten die Paviane, Makaken und Meerkatzen. (Das nähere darüber bei Brehm.)

Uebergehen wir vorläufig die anthropomorphen Affen und wenden uns direkt zur Abstammung des Menschen.

Die Gesetze, welche in den vorhergehenden Kapiteln entwickelt wurden, zwangen uns zu dem Schlusse, dass der Mensch nicht von den Affen, sondern von bärenartigen Tieren abstamme, es ist unsere Aufgabe dieses Resultat zu beweisen.[74]

Die Gründe, welche man für die Abstammung des Menschen von den Affen angeführt hat, sind zweierlei Art, erstens solche, welche die Abstammung des Menschen von den Tieren rechtfertigen sollen; diese können hier übergangen werden, da für Naturforscher es feststeht, dass der Mensch von Tieren abstammt; dann Sätze, welche speziell die Abstammung des Menschen von den Affen beweisen sollen, diese sind ausführlich zu besprechen.

Der Hauptgrund, weshalb man von Anfang an, die Abstammung des Menschen auf die Affen zurückführte, war wohl die systematische Stellung des Menschen, jedenfalls ist es sehr characteristisch, dass sich bis jetzt kein Naturforscher die Frage vorgelegt hat, ob denn nicht andere Tiere die Stammeltern des

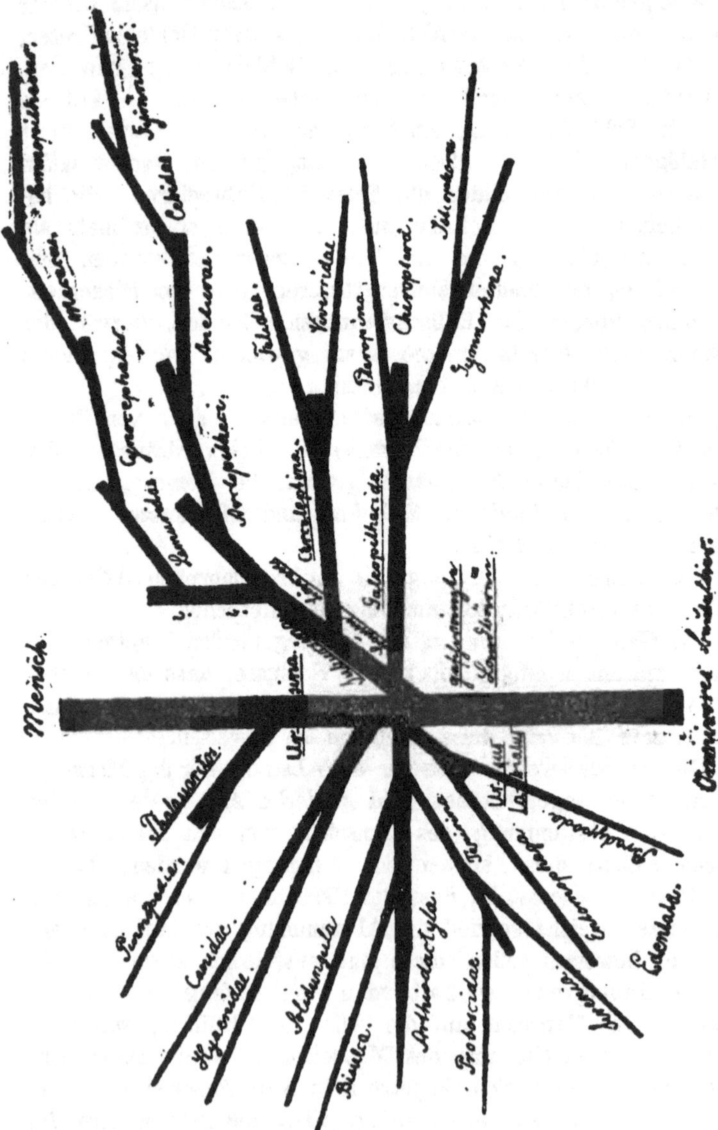
Mensch.
Pinnipedia,
Canidae.
Hyaenidae.
Solidungula
Bisulca.
Arthiodactyla.
Proboscidae.
Sirenia.
Entomophaga
Edentata.
Bradypoda
Lemuridae.
Cynocephalus.
Cebidae.
Anelurae.
Felidae.
Cercoleptina.
Viverridae.
Galeopithecida.
Pteropina.
Chiroptera.
Gymnorhina.

Menschen sein können. Ist es etwa nicht unmöglich, dass Menschen und Affen gewisse gemeinsame Charactere nebeneinander nicht voneinander erworben haben?

„Der Knotenpunkt der Menschwerdung." sagt Jäger,[75] „d. h. das von der Zuchtwahl direkt verfolgte Ziel, ist die Differenzirung der Gliedmassen durch Herbeiführung des aufrechten Ganges. Menschen und Säugetiere unterscheiden sich in diesem Punkte qualitativ wie Vögel und Reptil. — Ein zweites sehr wichtiges Merkmal ist die Schwanzlosigkeit. Die Schwanzlosigkeit tritt schon im Fötalleben ein, während die Bipedie erst postfötal auftritt; erstere ist somit wichtiger als die letztere. Der Mensch stimmt nun mit den anthropoiden Affen im Mangel des Schwanzes überein und unterscheidet sich von ihnen durch die Bipedie, er gehört mithin in die engere Gruppe die Anthropomorphen."

Was Jäger hier als Grund für die Abstammung des Menschen von den Affen angiebt, kann ebenso gut als Grund für die Abstammung des Menschen von den Bären angeführt werden. Der Mensch stimmt mit den Bären im Mangel eines Schwanzes überein, und die Bären besitzen ebenso wie die Affen das Vermögen. sich auf den Hinterbeinen zu bewegen. Ja der aufrechte Gang der Bären ist weit vollkommener als derjenige der Affen. Brehm schreibt darüber: „Der Gang der Affen ist mehr oder weniger plump und hinfällig. Meerkatzen, Makaken, Roll- und Krallenaffen gehen noch am besten, schon die Paviane humpeln in spasshafter Weise. Der Gang der Menschenaffen ist kaum noch ein Gang zu nennen. Während jene mit der ganzen Sohle auftreten, stützen diese sich auf die eingeschlagenen Knöchel der Finger ihrer Hände und werfen den Leib schwerfällig vorwärts, sodass die Füsse zwischen die Hände zu stehen kommen, dabei werden letztere seitlich aufgesetzt und die Tiere stützen sich also auf die eingeschlagene Faust der Hände und auf die Aussenseite oder äussere Kante der Füsse, deren Mittelzehen oft ebenfalls unter die Sohle gekrümmt werden, wogegen die grosse weit abstehende Zehe als wesentliche Stütze des Leibes dient; nur die Gibbons scheinen nicht im Stande zu sein, in solcher Weise zu laufen, gehen vielmehr auf dem Boden in der Regel aufrecht, strecken dabei alle Zehen aus, spreizen die Daumzehe bis zu einem rechten Winkel vom Fusse ab und halten sich mittels der ausgebreiteten Arme im Gleichgewicht, recken dieselben aber um so weiter aus, je schneller sie forttrippeln. Der Gorilla richtet sich mit geringer Anstrengung zu voller Höhe auf und vermag sich gehend längere Zeit aufgerichtet zu erhalten. Alle aber gehen in ersterem Laufe, beispielsweise wenn sie verfolgt werden, oder zum Angriff schreiten. stets auf allen Vieren.“ Und nun vergleiche man, was derselbe Forscher über den Gang der Bären sagt: „Die Bären,“ schreibt er, „treten mit ganzer Sohle auf und setzen bedächtig ein Bein vor das andere. Die plumperen Arten vermögen auf den Hinterbeinen sich aufzurichten und schwankenden Ganges zwar, aber doch nicht ungeschickt in dieser Stellung eine gewisse Strecke zurückzulegen. Angegriffen erhebt sich der Bär auf die Hinterbeine, geht wackelnden Ganges auf den Gegner zu und versucht ihn durch Umarmung zu erdrücken, wobei er ihm alle Rippen im Leibe zerbricht, oder sucht ihn mittelst einiger blitzschnell gegebener Tatzenschläge zu fällen. Ein niedergeschlagenes Wild tragen sie im Arme fort und überklettern mit einem erwürgten Pferde oder Rinde im Arme sogar jene gefährlichen Alpenstege, zwei nebeneinander liegende Baumstämme, die über einen Abgrund führen.“

Besonders wichtig ist es, dass der Bär sich zum Angriffe erhebt und Beute im Arme aufrecht gehend wegschleppt, man erkennt leicht, dass diese Bewegungsart sich im Laufe der Zeit vervollkommen musste, denn je öfter die Bären in Kampf gerieten und Beute machten, desto besser musste sich ihr aufrechter Gang gestalten; während der Gang der Affen mehr gelegentlich ist, gewissermassen als Reminiszenz aus früheren Entwickelungsstufen erscheint. Soviel steht fest: der Gang der Bären ist nicht nur vollkommener als der der Affen, sondern er führt auch leichter zur Bipedie.

„Die Fusssohle der Bären berührt den Boden beim Gehen ihrer Länge nach, ist fast ganz kahl und hat Aehnlichkeit mit derjenigen des Menschen.“ Jedenfalls steht der Fuss des

Ursus cinereus
Ursus malayanus.
Anthropopithecus
Tschego.
Anthropopithecus
troglodytes.

Bären dem des Menschen näher, wie die Hinterhand der Affen.

Ferner sind bei den Bären die stark knochigen Hinterbeine länger als die vorderen, und ihre Knochenbildung erinnert, wie ein Blick auf die Abbildung beweist, stark an den Knochenbau der unteren Extremitäten des Menschen. Man vergleiche damit, die kurzen, dünnknochigen, wadenlosen Beine der Affen, den gesässlosen Leib und man wird zugestehen, dass überhaupt die hinteren Extremitäten der Bären denjenigen des Menschen näher stehen als die der Affen.[76]

Die vorderen Extremitäten der Bären scheinen allerdings von denen des Menschen sehr verschieden zu sein, jedenfalls aber hinter den Armen und Händen der Affen bedeutend zurückzustehen; ich lasse in Betreff dieser Gliedmassen Jäger[77] das Wort. Er schreibt darüber: „Ein Umstand, der dem Bären einen eigentümlichen Reiz verleiht, ist eine nicht zu läugnende Menschenähnlichkeit in seiner Gestalt und seinem Wesen. Die erstere tritt allerdings nur zu Tage, wenn er sich auf den Hinterfüssen erhebt. Er ist ein Sohlengänger, wie der Mensch und in dieser Positur hat er entschieden etwas anheimelndes. Unter seinen Bewegungen sind es besonders die der Vorderpfoten, die etwas entschieden menschenähnliches haben. So plump dieselben sind, so handhabt er sie doch so geschickt, dass er mit ihnen die kleinste Kupfermünze oder Brodkrume aufhebt und während die anderen Raubtiere ihre Nahrung fast ausschliesslich mit den Zähnen fassen, gebraucht der Bär immer seine Tatzen wie eine Hand.“ Also auch die vorderen Extremitäten der Bären sind nicht so verschieden von denjenigen der Menschen, wie es den Anschein hatte, und jeder, glaube ich, wird durch die obige Schilderung die Ueberzeugung erlangt haben, dass aus der Bärenpfote sehr wohl eine Menschenhand entstehen konnte.

In der Bildung des Kopfes weicht allerdings der Bär sehr wesentlich von den Menschen ab; aber ich erinnere zugleich daran, dass Virchow und andere Forscher, die von vielen behauptete grosse Aehnlichkeit zwischen Affen- und Menschenschädel durchaus nicht anerkennen wollen. Uebrigens zeigt der

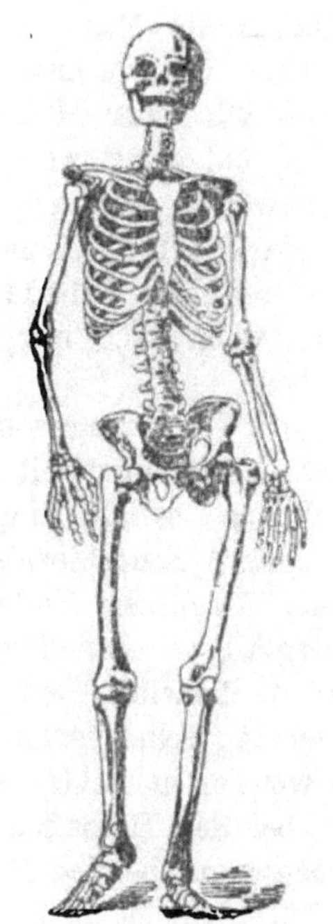

Skelett des Menschen.

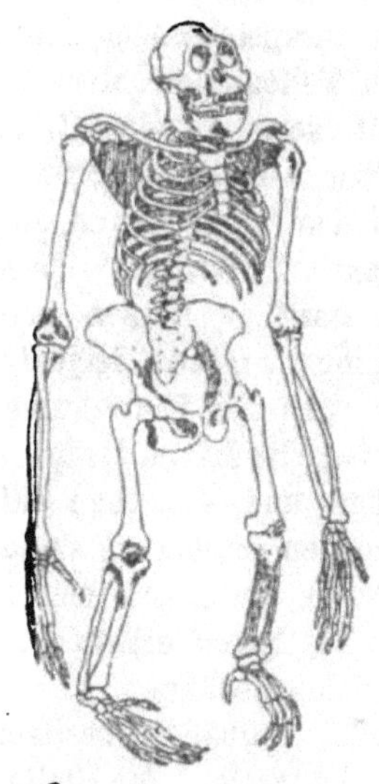

Skelett des Gorilla.

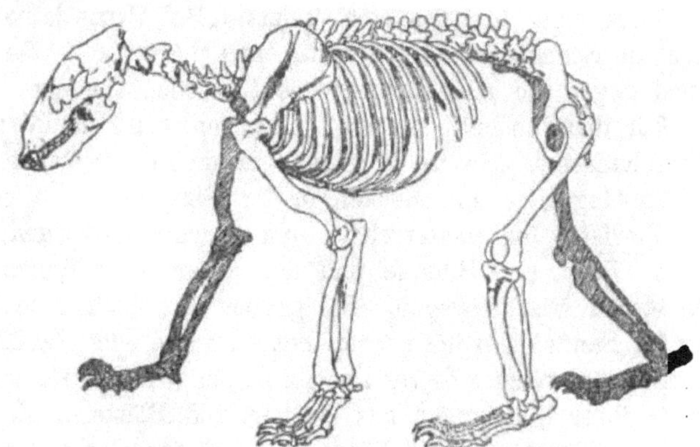

Skelett des Löwen.

Schädel der Höhlenbären in der Bildung der Nasenbeine und der daranstossenden Stirnregionen Analogien mit den entsprechenden Teilen des Menschenkopfes. „Die Stirn der Höhlenbären fällt vorn an dem Nasenbein plötzlich und stark ab; sie ist selbst bei jungen Exemplaren stark gewölbt, und zeigt zumal bei den alten Tieren ausserordentlich stark aufgetriebene Stirnhöcker.“ Es lässt diese Stirnbildung auf nicht unbedeutenden Verstand schliessen und nähert sich, wenn auch nur in sehr geringem Grade derjenigen des Menschen. —

„In der Einrichtung ihrer Kau- und Verdauungswerkzeuge weisen die Bären,“ sagt Virchow,[78] „manche Aehnlichkeit mit den Affen und Menschen auf.“ Die Bezahnung ist allerdings verschieden, besonders dadurch, dass der Bär 6 Schneidezähne, der Mensch deren nur vier aufzuweisen hat. In diesem Falle lassen die Halbaffen erkennen, wie der Uebergang von den Tieren mit 6 Schneidezähnen zu denjenigen mit 4 derselben erfolgt ist. Viele Halbaffen besitzen inmitten der 4 Schneidezähne eine Lücke, welche die Stelle andeutet, an welcher die beiden anderen Zähne ausgefallen sind. Was aber bei den Halbaffen selbstständig vor sich gegangen ist, kann ebenso gut bei den Menschen selbstständig vor sich gegangen sein. Ueberhaupt darf man auf Bezahnung kein so grosses Gewicht legen, da sie schon bei den Individuen einer Gattung sich ändert: „Bei Ursus labiatus z. B. fallen die Schneidezähne frühzeitig aus.“ (Brehm.); sie ist kein Grund gegen die Abstammung des Menschen von den Bären.

Für dieselbe spricht ferner die Lebensweise der Bären: „Die Bären hausen,“ schreibt Brehm, „in dichten Wäldern oder in felsigen Gegenden, die meisten in der Einsamkeit. Viele haben eine Vorliebe für wasserreiche und feuchte Gegenden, Flüsse, Bäche, Seen und Sümpfe und das Meer. Sie folgen oft den Flüssen der Fische wegen. Sie graben sich Höhlen in der Erde oder im Sande, manche suchen hohle Bäume oder Felsklüfte auf, um dort ihr weiches Lager aufzuschlagen, welches sie im Hintergrunde ihrer Wohnungen aus Zweigen und Blättern, Moos, Laub und Gras bereiten, Das Wasser scheut der Bär gar nicht; er sucht es häufig im Sommer auf, um sich zu kühlen, und verweilt dann lange Zeit und gern darin. Bei Verfolgung wirft er sich dreist in den Strom und setzt schnurgerad über.“ Vergleicht man die Urgeschichte des Menschen damit, so ist eine gewisse Analogie nicht zu verkennen: die ersten Menschen waren Höhlenbewohner. siedelten sich dann als Pfahlbauern an den Flüssen an, und verbreiteten sich von hier aus weiter. — Die meisten Affen (darunter auch die menschenähnlichen?) scheuen das Wasser ungemein, schwimmen dann auch nicht, sie leben in Wäldern. Es ist daher sehr schwer einzusehen, was die Nachkommen dieser Tiere bewogen haben mag, in Höhlen zu hausen, und sich in dem von ihren Vorfahren so gefürchteten Elemente mit Vorliebe niederzulassen. — Auch muss derjenige, welcher an der Affenabstammung des Menschen festhält, nachweisen, dass die Affen von der Fruchtnahrung zu gemischter Kost übergegangen sind, ja Fleisch zeitweise bevorzugt haben, denn die Völker waren auf ihrer niedrigsten Stufe Jäger, wurden dann Nomaden und hierauf Ackerbauern, „der vermehrte Gebrauch der Pflanzennahrung gehört daher einem späteren Stadium der Menschengeschichte an.“[79] Auch die paläontologischen Funde sprechen für die nahe Verwandtschaft der Bären und Menschen. „Die Reste der ersten Menschen sind gemeinsam mit Bärenresten gefunden worden, und der Mensch lebte abwechselnd mit den Tieren in einer Höhle.“[80] Auch waren die Bären in früheren Perioden sehr zahlreich.

Andere minderwertige Kennzeichen für die Abstammung des Menschen von den Bären scheinen mir zu sein:

Erstens die Lebensdauer der Bären. „Wir wissen nicht bestimmt,“ schreibt Brehm, „wie lange das Wachstum der Bären währt, dürfen aber annehmen, dass mindestens sechs Jahre vergehen, bevor er zum Hauptbären wird. Das Alter, welches er überhaupt erreichen kann, scheint ziemlich bedeutend zu sein. Man hat Bären 50 Jahre in der Gefangenschaft gehalten und beobachtet. dass die Bärin noch in ihrem 31. Jahre geworfen hat.“ — Man vergleiche damit, was Virchow über das Alter der Affen sagt; es lautet:[81] „In keiner Richtung äussert sich die Verschiedenheit des Gattungscharacters der Menschen und Affen so auffallend. wie in der leiblichen Entwicklung. Zunächst ist die Dauer und, was damit zusammenhängt, die Schnelligkeit der Entwicklung sowohl für die ganzen Individuen, als für die einzelnen Teile bei den Affen eine ganz andere, als bei den Menschen. Die Affen haben im allgemeinen ein kurzes Leben und schnellere Entwicklung; sie werden in einem Zustande der körperlichen und geistigen Reife geboren, wie sie wohl bei Tieren, aber nie beim Menschen vorkommt; ihre weitere Ausbildung geschieht in wenigen Jahren und ein früher Tod macht ihrem Leben ein Ende. Es ist fraglich, ob einer der Anthropoiden das Alter erreicht, in welchem das Wachstum des menschlichen Leibes erst zum Abschluss kommt; sie sind geschlechtsreif zu einer Zeit, wo der Mensch dem Kindesalter noch nicht entwachsen ist.“

Sehr wichtig ist, was Virchow ferner schreibt:[82] „Bei den Affen,“ heisst es dann, „hat das Gehirn seine Vollendung in der Regel erreicht, ehe der Zahnwechsel eintritt, während beim Menschen dann erst die eigentliche Ausbildung beginnt. Sofort nach dem Zahnwechsel erfolgt beim Affen jenes schnelle Wachstum der Kiefern und des Gesichtsskelettes, jene massenhafte Ausstattung der äussern Teile der Schädelknochen, welche so entscheidende Merkmale des bestialischen Characters liefert. Dieser Unterschied ist um so bedeutungsvoller, als der Zahnwechsel selbst beim Affen früher eintritt, als beim Menschen.“

Dieser Satz giebt uns Gelegenheit zu zwei höchst wichtigen Schlüssen; sie lauten: Die Affen standen geistig einst auf einer höheren Stufe, als gegenwärtig, denn sie wachsen nicht mehr geistig. sondern nur leiblich. — Das wurde früher schon von uns nachgewiesen, indem wir die Baumbären, d. h. omnivore Individuen, als ihre Stammeltern bezeichneten —; und zweitens: die Affen sind bereits in der Degeneration begriffen — auch dieser Schluss bestätigt früher von uns gefundene Gesetze: die Degeneration ist deshalb eingetreten, weil der Nährstoffkreis der betreffenden Individuen enger geworden ist. Die Degeneration, füge ich jetzt hinzu, schreitet langsam fort und es werden einst aus den Affen Faultiere entstehen — sobald sie zur Blätternahrung übergehen — sie zeigen jetzt schon entfernte Aehnlichkeit mit ihnen —, nie aber sind aus ihnen Menschen hervorgegangen.

Die Behauptung, dass die Affen geistig tiefer stehen, als in früheren Generationen, widerspricht modernen Anschauungen: man ist gegenwärtig geneigt, die Affen geistig sehr hoch zu stellen. Man bedenke aber, dass Beobachtungen, welche die geistigen Fähigkeiten der Affen betreffen, hauptsächlich an jungen Exemplaren gemacht worden sind. Bei andern, die längere Zeit beobachtet wurden, ist diese Degeneration bereits nachgewiesen. Brehm schreibt von einigen. dass sie im Alter sehr bissig und boshaft oder geistig träge wären. Auch erinnere ich daran, dass Brehm, der den Affen so hohe Loblieder singt, sie früher als Misgeburten bezeichnet hat. Ob man nicht aus Verwandtschaftsrücksichten die Affen für vollkommner erklärt hat als sie sind? —

Auf die Abstammung des Menschengeschlechtes von den Bären weist auch hin die beiden gemeinsame Vorliebe für Honig. Die ersten Spuren der Cultur lassen diese Eigentümlichkeit bereits deutlich erkennen, sie hat das Menschengeschlecht nie verlassen und ist allen Völkern gemeinsam. Bei den Affen, wenigstens den Primaten, finden wir diese Vorliebe nicht.

Endlich erwähne ich noch folgendes: „Wenn die jungen Bären allein gelassen werden, können sie sich stundenlang damit beschäftigen, unter sonderbarem Gebrumm und Schmatzen ihre Tatzen zu belecken; auch jedes ungewöhnliche Ereignis, jedes fremde Geschöpf bewegt sie zur Vornahme dieser Lieblingsbeschäftigung.“ Nun wissen wir, dass fast alle Kinder, auch die gesittetsten, die Angewohnheit des Daumlutschens haben, eine Beschäftigung, die sie zuweilen mit lautem Gebrumme begleiten; und dass sie besonders dann, wenn sie in Aufregung oder Verlegenheit geraten, sofort mit den Fingern in den Mund fahren. Für Leute, die wissen, wie zähe sich gerade unbedeutende Eigentümlichkeiten vererben, wird diese Uebereinstimmung zwischen Kindern und jungen Bären sicherlich nicht uninteressant sein. —

Wenn man nun auch geneigt ist, zuzugeben. dass die Menschen von den Bären abstammen, so fragt man doch unwillkürlich, woher stammt dann die grosse Menschenähnlichkeit der Affen, die besonders in ihrem Kopfskelette und in ihren Gesichtszügen auftritt und die sich ausserdem nicht etwa bei den Anthropoiden, sondern bei den niedrigsten Affen, den Uistis Brasiliens z. B. am schärfsten ausgeprägt zeigt? — Dass diese Menschenähnlichkeit der Affen nicht aus inneren Ursachen hervorgegangen sein kann, dass sie aber auch nichts zufälliges, sondern ein Produkt der Nahrung ist, wird jeder, der den Inhalt dieses Buches für mehr als Hirngespinnst hält, bereitwillig zugestehen. Die Affen geniessen fast dieselbe Fruchtnahrung wie die Menschen der äquatorialen Gegenden, die ja hauptsächlich Fruchtfresser sind. Und ich vermute, dass diese teilweise Uebereinstimmung in der Nahrung sich nach aussen hin durch gewisse physiologische Ueberstimmung bemerkbar macht. Für diese Vermutung spricht die Thatsache, dass die Faultiere, welche ähnliche Nahrung wie die Affen haben, ein affenähnliches Gesicht besitzen; da das Gesicht der Affen menschenähnlich ist, so haben die Faultiere gewissermaassen ein menschenähnliches Gesicht. Nun wird es wohl niemand einfallen, die Faultiere deshalb als Stammeltern der Affen oder gar der Menschen zu betrachten. — Mag die Vermutung über die Entstehung der Menschenähnlichkeit der Affen richtig oder falsch sein, so viel steht fest: Wenn die Aehnlichkeit der Menschen und Affen noch so gross ist, ist damit noch nicht bewiesen, dass erstere von den letzteren abstammen, und ebensowenig darf man daraus a priori schliessen, dass der Mensch ein Nachkomme der Affen sei, denn es können diese Aehnlichkeiten ebenso gut nebeneinander, als auseinander entstanden sein. —

Werfen wir jetzt noch einen Blick auf die Abstammung der Anthropomorphen. Darüber verbreitet sich Gratiolet:[83] „Wenn wir das Oranggehirn mit dem der andern Affen vergleichen," schreibt er, „so müssen wir wegen der Grösse der Vorderlappens, der relativen Kleinheit des Hinterlappens und der Entwickelung der oberen Uebergangswindungen den Orang an die Spitze der Gibbons oder der Schlankaffen stellen, wenn man die verschiedenen Hirnprofile vergleicht.

„Die Analogien sind um so merkwürdiger, als sie zu demselben Resultat führen, wie die Untersuchung der äusseren Charaktere. Der Orang als höchster Gibbon betrachtet. hat ein Gibbongehirn, nur reicher, entwickelter. mit einem Worte näher gebracht einer wirklichen Vollkommenheit."

Vom Schimpansen sagt Gratiolet:[84] „Wenn wir die Charaktere seines Gehirns mit denjenigen der wahren Makaken und namentlich des Magot vergleichen. so können wir unmöglich die besonderen Analogien läugnen, welche diese Vergleichung hervorstellt. — Die Untersuchung des Schädels und des Gesichtes bestärkt die Analogien noch durch neue. Wenn wir also jede, vorgefasste Meinung bei Seite schiebend, uns durch die Thatsachen leiten, so kommen wir unwiderstehlich zu dem Schlusse: des Chimpansegehirn ist ein vollkommenes Makakengehirn."

Mit anderen Worten; „Der Chimpanse verhält sich zu den Makaken und Pavianen wie der Orang zu den Gibbons oder Schlankaffen."

Vom Gorilla endlich: „Der Gorilla ist ein Mandrill, wie der Chimpanse ein Makak und der Orang ein Gibbon. Die Abwesenheit eines Schwanzes, die Existenz eines breiten Brustbeins, die Sonderbarkeit des Ganges nicht auf der Handfläche der Finger, sondern auf der Rückenfläche des zweiten Fingergliedes, sind zwar gemeinsame Zeichen der Erhebung; aber so wichtig auch diese Charaktere sein mögen, so autorisiren sie doch nicht die Annäherung der dritten Gattung. Häupter von drei verschiedenen Reihen enthalten diese Affen dennoch die Charaktere der Gruppen, zu denen sie gehören, wenn sie auch gewissermassen, wenn ich mich so ausdrücken darf, gemeinsame Insignien ihrer hohen Würde erhalten."

Ich würde gegen diese exacten Untersuchungen keinen Widerspruch wagen, und damit die beiden letzten Fragen, ob die Anthropomorphen sich nicht etwa während oder nach der Entwicklung der Bären zu Menschen vom Stammbaum abgetrennt haben, fallen lassen, wenn mich nicht gerade „die Insignien der hohen Würde der Menschenaffen" stutzig gemacht hätten. Von so vielen Forschern ist die äusserst nahe Verwandtschaft der Anthropomorphen mit den Menschen behauptet worden, und selbst Virchow hat zugegeben, dass die Aehnlichkeit der jungen Anthropomorphen mit Menschen erschreckend gross sein kann, dass man sich immer wieder fragt, ob denn doch nicht eine Verbindung der Menschen mit den höheren Affen denkbar ist. Besonders aber sind es die Schilderungen Nachtigall's über das Baumleben der Heiden von Kimre, welche diese Vermutungen nähren. „Die Bewohner von Kimre, beständig bedrängt durch die Bagirmi und andere Nachbarstämme, halten sich ausschliesslich auf den Baumwollenbäumen (Eriodrendren) in dichten Waldungen auf, dort haben sie ihre Wohnungen und von dort verteidigen sie sich.“ — Ferner ist bekannt, dass früher in Amerika Sklaven in die Wälder flohen, und daselbst ihr Leben verbrachten. — Ueberhaupt werden überall dort, wo Urwälder sich befinden, bedrohte Volksstämme diese als letzte Zufluchtsstätte benutzen. Nun sind aber alle Urwälder arm an Tieren, besonders grösseren Pflanzenfressern, dagegen überreich an Früchten, daher werden die Flüchtlinge hauptsächlich die letzteren als Nahrung benutzen. Damit haben sie aber gleiche Nahrung wie die Affen; gleiche Nahrung erzeugt gleiche physiologische und psychologische Charactere; es können daher sehr wohl aus Menschen Individuen hervorgegangen sein, welche den Affen täuschend ähnlich sind, was um so schärfer hervortreten muss, da Menschen und Affen im Grunde gemeinsamen Ursprung haben. .

Ueber die wahre Abstammung der Anthropomorphen können nur sehr genaue Untersuchungen, besonders der Jugendformen, Auskunft geben. —

Hiermit schliesse ich dieses Capitel. Die wenigen Gründe, welche ich für die Abstammung der Menschen von den Bären herbeigebracht habe, können natürlicherweise nicht als ausreichend angesehen werden; aber sie werden hoffentlich genügen, um den Glauben an die Abstammung des Menschen von den Affen zu erschüttern. Das ist vorläufig völlig genug. Gern überlasse ich die Fortführung dieser Untersuchungen denjenigen Forschern, denen ein reicheres Material und ein grösseres Wissen wie mir in dieser Disciplin zur Verfügung steht.

Anmerkungen und Anhang.

Die Länge einiger Anmerkungen und die beiden Beilagen zwangen mich, die sämmtlichen Anmerkungen an das Ende des Buches zu verlegen.

1. Im Kampfe um's Dasein handelt es sich nicht um Erhaltung irgend eines Organes, einer bestimmten Form, sondern um Erzeugung fortpflanzungsfähiger Nachkommen. Dasjenige Individuum, welches ohne Nachkommen hinterlassen zu haben vom Kampfplatz verschwindet, hat seinen Beruf verfehlt, denn in den Nachkommen feiert das einzelne Individuum seine Auferstehung. Ob die Nachkommen die Eigenschaften und Gestalt der Eltern haben, ist völlig gleich. Ich spreche daher von einem Kampfe ums Leben, denn die Uebersetzung „Kampf um's Dasein" verwischt die Thatsache, auf die es allein ankommt. „Scharfe Definitionen sind aber das erste und unentbehrlichste Requisit der Wissenschaft." (Sachs: Lehrbuch der Botanik, IV. Aufl., pg. 164).

Wenn ich weiter unten von Lebenskraft spreche, soll damit durchaus nicht für irgend eine, in irgend einem Winkel des Organismus steckende „immaterielle" Kraft Reclame gemacht werden; ich bin im Gegenteil davon überzeugt, dass die Lebenskraft auf bestimmten Bewegungserscheinungen der Materie beruht. Aber diese Bewegungserscheinungen sind eben bestimmte, sie sind mit dem Urwesen auf die Welt gekommen und haben sich durch dessen Nachkommen ununterbrochen bis auf den Menschen fortgepflanzt. Da diese bewegenden Kräfte uns bis jetzt nur in ihren Wirkungen bekannt sind, sind wir gezwungen, sie mit einem Namen zu belegen, daher der Ausdruck „Lebenskraft".

2. Die Begriffe „Kampf mit der Nahrung" u. s. w. sind für philosophische Betrachtungen der Gesammtheit etwas zu eng, für unsere Zwecke genügen sie. Für spätere Arbeiten wird es sich empfehlen, sie durch die Bezeichnungen „Kampf mit den Lebensmitteln" u. s. w. zu ersetzen; denn nur bei den Pflanzen fallen Nahrungs- und Lebensmittel unmittelbar zusammen; bei ihnen kann man noch Licht und Wärme zu den Nahrungsmitteln rechnen, bei den Tieren nicht. Da aber Wärme, Licht u. s. w. für die Tiere zum Leben notwendig sind, so werden sie als Lebensmittel zu bezeichnen sein, und wir haben dann folgende Einteilung:

Kampf um das Leben:

Kampf um die Fortpflanzung des Lebens.
Kampf um die Erhaltung des Lebens.

Kampf mit den Lebensmitteln.
Kampf um die Lebensmittel.
Kampf als Lebensmittel.

Die Lebensmittel (spec. des Menschen) zerfallen in:

Nahrungsmittel.
Lebensmittel im engern Sinne.

Solche, welche noch direct auf den Organismus einwirken, z. B. Licht. —
Solche, welche nicht mehr direct auf den Organismus einwirken, z. B. Waffen, Geräte.

Kampf um das Leben bei Pflanzen.

3. Krašan. Siehe Anmerkung 6.

4. Stur: Ueber den Einfluss des Bodens auf die Verteilung der Gewächse. Sitzungsberichte der Kais. Akad. zu Wien. Bd. XX (1856) p. 354.

5. Wollny: Ueber den Einfluss der Pflanzendecke und der Beschattung auf die physikalischen Eigenschaften des Bodens. Berlin 1877. und Wollny: Physik des Bodens. (Forschungen auf dem Gebiete der Agrikulturphysik. Bd. V (1882). Heft 1—2. pg. 34.

6. Benutzte Literatur: Krašan: Periodische Lebenserscheinungen der Pflanzen. Verhandlungen d. k. k. zool.-botan. Gesellschaft zu Wien. Bd. XLIV (1870). p. 281—339.

Krašan: Ueber den comb. Einfluss d. Wärme u. d. Lichtes auf die Dauer d. jährl. Periode der Pflanzen. Botanische Jahrbücher Bd. III (1882). Heft 1, p. 74—128.

Sachs: Lehrbuch der Botanik, IV. Aufl., 1874.

Sachs: Einfluss des Lichtes auf die Blüten. Botan. Zeit. 1865. No. 16, 17, 18.

Sachs: Stoff und Form der Pflanzenorgane: Arbeiten des botan. Instituts zu Würzburg, 1880. Heft 3.

7. Schultz-Fleeth: Der rationelle Ackerbau. Berlin 1856. p. 160.

8. E. Stahl: Ueber d. Einfluss des sonnigen und schattigen Standortes auf die Ausbildung der Laubblätter. 1883. pg. 5 u. 20. —

Zum Beweise, dass die Intensität des Lichtes auf die Assimilation Einfluss hat, führe ich folgende Worte aus dem Lehrbuch von Sachs an: d. 711 ff: „Dass sich, wie mit der Höhe der Temperatur, auch bei dem

Licht die Wirkungen auf die Pflanzen gradweise ändern, wenn die Intensität des überhaupt wirksamen Lichts sich ändert, unterliegt keinem Zweifel und fällt bei pflanzenphysiologischen Beobachtungen von selbst auf."

„Die zur Chlorophyllbildung noch genügende Lichtintensität reicht zur Assimilation im Chlorophyll nicht hin; Pflanzen (Dahlia, Faba, Phaseolus, Cucurbita u. a.), welche unter normalen Verhältnissen im vollen Tageslicht, aber auch in dem diffusen Licht an der Hinterwand eines Zimmers im Sommer rasch ergrünen, bilden doch keine Stärke im Chlorophyll; sie thun es aber am Fenster, wo sie im besten Fall kaum die Hälfte des reflectirten Tageslichts und directen Sonnenlichts geniessen; dem entsprechend ist aber auch die Assimilation dieser Pflanzen an einem Fenster viel weniger ausgiebig als im vollen Tageslicht im Freien; denn bei den meisten im vollen Tageslicht wachsenden Pflanzen, zumal unseren Culturpflanzen, wird die Gewichtszunahme durch Assimilation sehr verringert, wenn sie an einem Fenster erzogen werden; im Innern eines Zimmers pflegen sie endlich bei mangelhafter Assimilation sich durch ihr eigenes Wachstum zu erschöpfen. Die Assimilation reicht dort nicht hin, die durch Wachstum und Athmung verbrauchten Stoffe zu ersetzen." — Dass solche Pflanzen keine Reservestoffe bilden werden, ist selbstverständlich.

9. Hildebrand, Lebensdauer der Pflanzen. Botanische Jahrbücher. Bd. II (1881) p. 121, p. 95 (daselbst aus Decandolle, Geogr. bot. p. 798—1078) und p. 90.

Das Blühen und Fruchten ohn' Unterlass beruht durchaus nicht auf inneren Ursachen, das können wir schon in unseren Climaten häufig beobachten. Bringt uns der Herbst eine Reihe schöner, wärme- und lichtreicher Tage, so blühen fast regelmässig an geschützten Orten die Kirschbäume zum zweiten Male; und es ist ganz ohne Zweifel, dass sie auch Früchte reifen würden, wenn nicht der Winter die Blüten vernichtete. Dasselbe können wir an Erdbeeren beobachten. Diese liefern auch im Herbste durchaus nicht selten reife Früchte. Die Wärme treibt die Knospen, welche erst im Frühling zur Entwicklung kommen sollten, bereits im Herbste aus, und bliebe das Wetter beständig günstig, so würden während der Fruchtreife in den Blättern soviel Reservestoffe angesammelt werden, dass die Gewächse immer auf's neue Blüten hervorbringen könnten.

In Betreff der geringern Assimilation bei geringer Lichtintensität siehe Anmerk. 8.

10. Sachs: Lehrbuch der Botanik. p. 111.

11. Kerner: Abhängigkeit der Pflanzenwelt von Clima und Boden. 1869.

12. { Sachs: Lehrbuch der Botanik. p. 100.
Luerssen: „ „ „ p. 68.

13. Sorauer Pflanzenkrankheiten. p. 63.
14. Treviranus: Biologie der lebenden Natur. Bd. II. p. 38.
15. Nach Sorauer: l. cit. p. 84/85.
16. Krašan: Stud. üb. periodische Lebens. p. 305. Anmerkung.
17. Sorauer: l. cit p. 64.
18. ibid. p. 64.

Entsprechend der irrigen Ansicht, dass der Sandboden stets ein nährstoffarmer Boden sei, haben die meisten Forscher die Verhaarung als eine Erscheinung, hervorgerufen durch Nährstoffmangel, erklärt. Sorauer spricht von Nährstoff- und Wassermangel. E. Mer ist *wohl* der einzige, der die Ausbildung der Haare dem Nährstoffreichtum in den Zellen zuschreibt, er behauptet ausserdem, dass auch die Spaltöffnungen einer ähnlichen Ursache ihre Entstehung verdanken. Mer: Des modifications subies par la structure épidermique des feuilles sous diverses influences. Compt. rend Tome XCV (1882) No. 8. p. 395. Ref. Bot. Centralblatt. Bd. VII (1881) p. 198. —

Um die Entstehung der Haare experimentell zu beweisen, habe ich mehrere Exemplare von Ranunculus repens L. in Töpfen gezogen. Die Pflanzen wurden, nachdem sie sich bewurzelt hatten, sehr trocken gehalten und dem stärksten Sonnenlichte ausgesetzt. Sie entwickelten unter dieser Bedingung eine Anzahl Blätter mit sehr dichter abstehender Behaarung; dann wurden dieselben Pflanzen an einen schattigen Ort (hinter das Fenster des Zimmers) gebracht, stark begossen, und der Boden beständig feucht erhalten; diejenigen Blätter, welche bereits angelegt waren, zeigten auch jetzt noch einige Behaarung, doch lagen viele der Haare an, die neuauftretenden dagegen waren völlig haarlos. Wir haben hier also an einer Pflanze stark behaarte, weniger behaarte und haarlose Blätter und zugleich die Bedingungen, unter welchen sie entstehn. — Ich empfehle Ranunculus repens als vorzüglich geeignet zur Wiederholung des Versuches.

19. Luerssen: l. cit. p. 9.
20. Kuntze: Schutzmittel p. 30.
21. Klinggräff: Flora. p. 196.
24. Stohmann u. Nobbe haben die Kartoffel in Wasserculturen gezogen (Landwirt. Versuchsstat. Bd. 6. p. 347 und p. 57), Stohmann aus einem Keim von unwesentlichem Gewicht (von 0,005 Grm. Trockensubstanz). Die Kartoffeln brachten kleine meist erbsengrosse Knollen, eine erreichte ein Gewicht von 20 Grm. frisch. Nobbe zog die Kartoffel aus Samen mit kleinen Knollen, deren grösste das Volumen der Haselnuss und ein Gewicht (frisch) von 1,5 Grm, hatte. Die Knollen waren übrigens völlig normal gebildet.

Man könnte diese Culturversuche für Gegenbeweise gegen meine im Texte gemachten Angaben halten, denn die Kartoffeln waren beständig im Wasser und bildeten doch Knollen aus; man bedenke aber erstens: die Kleinheit der Knollen; zweitens: dass die Pflanzen gewiss unter intensivem Lichte vegetirt haben, und drittens: dass Pflanzen nur schwer ererbte Charactere sofort verlieren. Sehr interessant wäre es, wenn Kartoffeln auf dieselbe Weise im Schatten gezogen würden, vielleicht setzen sie dann auch nicht einmal kleine Knollen an, denn die Knollen sind Reservestoffbehälter, da nun Pflanzen im Schatten keine Reservestoffe bilden, sondern sich durch ihr Wachstum erschöpfen (Anmerk. 4) so werden vermutlich gar keine Reservestoffbehälter angelegt werden.

Sorauer sagt: Nährstoffüberfluss würde bewirken, dass keine Knollen angesetzt würden. Da Nährstoffüberfluss ohne Wasser nicht denkbar ist, liegt wohl nur eine Verwechslung vor.

25. Das über dieselbe gesagte aus Sorauer p. 89.

Fasciation entsteht nach Sorauer durch überreiche Ernährung und Wasserzufuhr nach vorhergegangenem Absterben des ursprünglichen Vegetationspunktes.

26. Hoffmann: Culturversuche. Ref. Ihne in Gaea XVIII (1882) Heft 4—5 sagt: Bei Dichtsaat also Mangel an Nahrung (!!) treten gefüllte Blüten auf. Ist es dem Hrn. Prof. nicht aufgefallen, dass gerade Culturpflanzen besonders häufig Füllung der Blüten zeigen?

Meine Erklärung der Füllung ist Sorauer entlehnt, der sich auf die Aussprüche einer Reihe anderer Autoren stützt. Herr Prof. Hoffmann scheint keine dieser Arbeiten gekannt zu haben, sonst hätte er wohl seine Erklärung unterlassen.

27. Wollny: Einfluss der Pflanzendecke u. s. w.

28. Stahl: Ueber den Einfluss d. Standortes a. d. Ausbild. d. Blätter. Jena 1883.

29. Ueber die Steppengräser: Duval-Youve: Histotaxie des feuilles de Graminées. Annales des sciences naturelles. Sér. VI. Tom. I. p. 294. und: Tschirch: Beiträge zur Anatomie u. z. Einrollungsmechanismus einiger Grasblätter. Jahrbücher f. wissensch. Botanik. Bd. 13. Heft III. (1882).

30. D.-Y. Sur une même espèce les expositions sèches et chaudes favorisent le développement de ce tissu. l. cit. p. 343.

Es wirken bei den Steppengräsern Licht und Wärme gleichartig.

31. Tschirch ist geneigt den Gelenkzellen keinen Einfluss bei der Einrollung des Blattes zuzugestehen. Er übersieht dabei, dass die Blätter sich nur dann in den Gelenken einfalten können, wenn diese Gelenke der Einfaltung keinen Widerstand entgegensetzen, das würde aber geschehn, wenn die Zellen nicht vorher ihren Inhalt durch Verdunstung verloren hätten.

32. Meine Behauptung, das mechanische Gewebe sei eine Modification des grünen Parenchyms, bringt mich in Gegensatz zu Duval-Youve, der dasselbe „gleichsam für ein Anhängsel der Fibrovasalen" hält. Tschirch

scheint ihm beizustimmen, denn er nennt das mechanische Gewebe wiederholt Bastgewebe. Da Rücksichtnahme auf diese entgegengesetzten Ansichten mich zwingen, meine Ansicht zu verteidigen, müssen die hierher gehörigen Stellen aus den Schriften D.-Y.'s wörtlich citirt werden, sie lauten (p. 337 u. folg.):

Le plus ordinairement le tissu fibreux hypodermique (mech. Gewebe) est réparti par groupes isolés, lesquels, à l'exception des deux marginaux, sont situés au-dessus et surtout au dessous des faisceaux fibro-vasculaires, soit en contact avec eux, soit séparés d'eux par une ou plusieurs assises de parenchyme. Leur répartition paraît donc se rattacher à celle des faisceaux. dont ils seraient comme une dépendance. Ainsi, sur les côtés du limbe du Zea Mays, du Croix Lacryma, de l'Andropogon provinciale, ces groupes, contigus à chaque pôle des faisceaux, y sont si étroitement unis qu'ils semblent en faire partie intégrante. A la côte médiane des mêmes plantes, le pôle inferieur des faisceaux est le seul à posséder un groupe fibreux contigu, et les groupes fibreux qui courent sous l'épiderme supérieur sont séparés de tout faisceau par plusieurs assises de parenchyme incolore; mais on voit très-bien que, par leur position au-dessus des gros faisceaux, il se rattachent à eux et sont une dépendance du système vasculaire. — Les deux groupes marginaux ne font exception qu'en apparence: on voit, en effet, que contre chacun d'eux existe un petit faisceau marginal, et que leur relation avec ce faisceau est dissimulée tant par leur développement que par un léger déplacement que leur fait subir le relèvement de la marge.

Der einzige Grund, welchen D.-Y. für seine Ansicht anzuführen vermag, ist die Lage der Zellen des mechanischen Gewebes: es ist dieselbe jedoch eine rein zufällige, weil die über den Gefässen liegenden, dadurch gewöhnlich etwas erhöhten Zellen am meisten der Bestrahlung ausgesetzt waren. — Im übrigen scheint mir dieser Auszug mehr für meine Ansicht als die seinige beweisend zu sein. Die Thatsache, dass das mechanische Gewebe oft durch mehrere grüne Parenchymschichten von den Fibrovasalen getrennt ist, spricht sicherlich nicht für dessen Abhängigkeit von den Fibrovasalen. — Keinen bessern Beweis für meine Ansicht hätte ich mir ausserdem erdenken können, als den Satz: die mechanischen Gewebe sind von den Gefässbündeln durch farblose Parenchymzellen getrennt. Diese farblosen Parenchymzellen bilden eben den Uebergang von dem grünen Parenchym zum mechanischen Gewebe, sie sind gerade in der Umwandlung begriffen. (Man vergleiche die farblosen Hypodermzellen bei den Sonnenblättern.) Die Erklärung, dass die an den Spitzen der Blätter befindlichen mechanischen Gewebe zu den kleinen naheliegenden Gefässen gehören, mag hingehen, dass sie aber durch die Nähe des Randes aus der richtigen Lage gerückt sind, ist jedenfalls sonderbar. D.-Y. sagt dann ferner: Es tritt diese Abhängigkeit d. mechanischen Gewebes und seine Deplacirung sehr evident bei Andropogon dorsisetum auf. (C'est ce qui devient très-évident sur l'Andropogon dorsisetum, où le faisceau marginal est accompagné de deux groupes fibreux si prononcés, qu'ils constituent des bourrelets qui, sur une coupe transversale, donnent à la marge la forme d'un T.) Ich verweise auf die betreffende Abbildung: aus ihr erkennt man am besten die Hinfälligkeit d. D.-Y.'schen Ansicht.

Im Verlauf seiner Arbeit bemerkt dann D.-Y., dass Wärme und Feuchtigkeit die Entwicklung des mechanischen Gewebes begünstigen und beschränken können (was auch nicht für seine Ansicht spricht), erwähnt die beiden im Texte mitgeteilten Beispiele Festuca ovina und glauca, und führt noch ein drittes an: De très-concluants exemples du même fait nous sont encore fournis par le Melica minuta. A Saint-Chamas près du pont Flavien, existe, dans le calcaire compacte, une fissure large de 3 à 4 mètres, dans laquelle cette Graminée croît en abondance, aussi bien sur le flanc qui, regardant le nord, est frais et abrité contre le soleil du midi, que sur le flanc opposé, où la sécheresse et la chaleur sont extrêmes. Or, les pieds de la première exposition ont à leurs feuilles basilaires un tissu fibreux moitié moins développé que celui de l'exposition opposée, où, avec des parois si épaissies que la cavité reste à paine visible, il envahit toute la face inférieure, presque même toute la supérieure, en refoulant le parenchyme vert — also indem es das grüne Parenchym verdrängt! Wo bleibt dieses? Der nachfolgende Teil der Arbeit giebt keine Auskunft darüber, einfach weil keine gegeben werden kann. Nicht das Parenchym wird verdrängt und das mechanische Gewebe wächst, sondern die grünen Parenchymzellen werden farblos und bilden das mechanische Gewebe. — Es ist mit anderen Worten eine Hypodermbildung, wie wir sie bei den Laubblättern der Angiospermen in intensivem Lichte gleichfalls entstehen sahen. —

33. Ueber Alpenpflanzen ausser Krašan
noch Kerner: Cultur der Alpenpflanzen. Innsbruck 1864.
Kerner: Abhängigkeit der Pflanzenwelt von Clima und Boden. 1869.

34. Kerner: Cultur d. A. p. 2.

35. ibd. p. 19.

36. In Westpreussen sehr häufig. (d. Verf.) Daselbst beobachtete ich einen Ranunculus sceleratus, der nur wenige Wurzelblätter getrieben hatte, dann sofort zum Blühen schritt.

37. Krašan: Zool.-botan. p. 340.

38. Kerner: Abhängigkeit der Pflanzen.

39. Ueber Lebensdauer. Sorauer: Pflanzenkrankheiten.
Goeppert: Ueber die Wärmeentwicklung in den Pflanzen. Breslau 1830.

40. Goeppert. l. cit. p. 48.

„Die Tödtung der Zellen, schreibt Sachs (Lehrbuch p. 701), hängt (ähnlich wie das Erfrieren) wesentlich von dem Wassergehalt derselben ab. Während saftige Gewebe schon unterhalb oder bei 50° C. getödtet werden, können lufttrockene Samen von Pisum sativum selbst über 70° C. während einer Stunde aushalten, ohne ihre Keimkraft zu verlieren; von Weizen- und Maiskörnern, die auf 65° C. eine Stunde lang erwärmt wurden, keimten noch 98, resp. 25 pCt. — Mit Wasser vollgezogene Erbsen eine Stunde lang der Temperatur 54—55° C. ausgesetzt, waren sämmtlich getödtet, Roggen, Gerste, Weizen, Mais schon bei 53—54° C. Ursache der Tödtung mag zum Teil in der Gerinnung der Eiweissstoffe liegen, welche das Protoplasma zusammensetzen, auch diese hängt vom Wassergehalt derselben ab. Das Erfrieren oder die Tödtung der Zellen durch Erstarrung ihres Saftwassers zu Eis und durch nachheriges Auftauen des letzteren hängt ebenfalls in erster Linie vom Wasserreichtum der Zellen ab. Lufttrockne Samen scheinen jeden Kältegrad ohne Beschädigung ihrer Keimkraft zu überdauern; die Winterknospen der Holzpflanzen, deren Zellen sehr reich an assimilirten Stoffen, aber wasserarm sind, überdauern die Winterkälte und oft wiederholtes rasches Auftauen, während die jungen, in der Entfaltung begriffenen Blätter im Frühjahr einem leichten Nachtfrost erliegen."

Es ist, wie aus diesem Citate klar hervorgeht, das von mir aufgestellte Gesetz: Es schützen die Reservestoffe die Pflanzen vor den Extremen der Wärme, durchaus nichts neues, was hiermit ausdrücklich hervorgehoben werden mag; um so merkwürdiger ist es, dass bis jetzt niemand, so viel ich weiss, daraus Schlüsse auf die Lebensdauer der Pflanzen gezogen hat.

41. Mohl: Botanische Zeitung. 1848. p. 6.

42. Goeppert: l. cit. p. 64.

43. Sorauer. l. cit. p. 110.

44. Goeppert. l. cit. p. 37. Sie mögen dabei zum Teil auch Wasser aus ihren Reservestoffen bilden.

45. Goeppert: l. cit. p. 63.

46. ibd. p. 19.

47. ibd. p. 23.

48. Krašan. Zool.-bot. Gesellschaft. p. 303.

49. l. cit. p. 305 (?). Schultz-Fleeth schreibt: Ueberhaupt ertragen die Pflanzen bei Gegenwart von reichlicher Nahrung jede störenden Einflüsse weit besser, als auf magerem Boden. l. cit. p. 115.

50. Hildebrand: Bot. Jahrbücher. p. 124.

51. Krašan: Zool.-bot. Ges. p. 344.

52. Landwirtschaftliches Centralblatt für Deutschland. Ser. II. (1871) p. 194.

53. Hildebrand: Bot. Zeitung 1870. No. 1.

54. Hoffmann: Bot. Ztg. 1881. No. 22—27. (Ref. Ihne. Gaea. XVIII. (1882) H. 4—5) bestreitet teilweise die Umwandlung. Er sagt: Wenn von Polygonum amphibium die Wasserform mit echten Schwimmblättern (Spaltöffnungen nur oben) in den Garten gepflanzt wurde, also Landpflanze wird, so erscheinen die Landblätter (Spaltöffnungen beiderseits), welche auch die spontane Landform besitzt. Wenn nun aber die Pflanze wieder in Wasser (10—14 Fuss tief) gesetzt wurde, so erscheinen nicht etwa Schwimmblätter, sondern allein Luftblätter: Durch das Wasser konnte also die Landform nicht in die andre übergeführt werden. Hoffmann überschätzt hier wohl das Vorkommen der Spaltöffnungen auf den Blättern; ein solches wurde von Mer auch bei völlig im Wasser gewachsenen Exemplaren von Ranunculus aquatilis, und Littorella lacustris gefunden, die sonst die normale Wasserform zeigten. Mer: Bulletin de la soc. botan. de France. T. XXVII. (1880). p. 50. u. 194.

Sachs (Lehrbuch, p. 666) sagt: „Die Spaltöffnungen fehlen den submersen Wasserpflanzen oder sie kommen doch nur gelegentlich vor;" kommen also doch vor. — Wenn einige Landformen sich nicht mehr in Wasserformen umwandeln, darf man nur schliessen: Diese Formen haben durch viele Generationen auf dem Lande gelebt, so dass sie jetzt nicht mehr die Fähigkeit haben, sich in Wasserpflanzen zu verwandeln, andere freilich besitzen diese Fähigkeit noch.

55. l. cit. p. 36.

56. l. cit. p. 52. Die beiden Aufsätze lauten: Des modifications de fórme et de structure que subissent les plantes suivant qu'elles végètent à l'air ou sous l'eau. p. 50 und: Des causes qui modifient la structure de certaines plantes aquatiques végétant dans l'eau. p. 194.

57. Man könnte hier einwerfen, die Erscheinung, dass Pflanzen, welche ursprünglich kein Wasser durch die oberirdischen Organe aufnehmen, sobald sie aber submers geworden sind, die Wurzeln verlieren und sämmtliche Nährstoffe, natürlicherweise auch Wasser durch die früheren Blattorgane aufnehmen, beruhe auf inneren Ursachen. Dagegen spricht nun aber folgendes: Es giebt erstens keinen chemischen Unterschied zwischen der Substanz der Blatt- resp. Stengelorgane und derjenigen der Wurzeln; zweitens: Sprosse, welche vom Mutterstamme losgetrennt und eingepflanzt werden, nehmen aus dem Boden Wasser auf, bewurzeln sich und wachsen normal weiter. Das Experiment gelingt auch mit Blattspreiten; drittens: man kann die Wurzeln in Stengelorgane umwandeln und umgekehrt. Knop: (Kreislauf des Stoffs. p. 536) schreibt darüber: „Unter dem Einflusse des Sonnenlichtes lassen sich die scheinbar verschiedensten Organe der Pflanzen in einander umwandeln. Bäume, deren Wurzeln man teilweise ausgräbt, kann man nach

und nach geradezu umkehren, indem sich aus den Wurzeln Zweige, und aus den eingegrabenen Zweigen Wurzeln entwickeln;" viertens: es ist die Aufnahme von Wasser und Nährstoffen durch die Blätter experimentell bewiesen. „Das allmähliche Straffwerden gewelkter Blätter, nachdem dieselben bis an den Stiel in Wasser getaucht sind, zeigt derart eine Wasseraufnahme an. Dem entsprechend fanden schon Mariotte und Hales, dass abgetrennte beblätterte Zweige holziger Pflanzen an der Luft nicht welkten, wenn ein in Verbindung gebliebener beblätterter Zweig in Wasser tauchte.

„Die Fähigkeit der spaltöffnungsfreien Cuticula, Salze aufzunehmen, demonstrirte J. Boussingault durch ein einfaches Experiment. Wird ein Tropfen verdünnter Lösung von Calciumsulfat, Kalisulfat, Kalinitrat etc. auf das Blatt gesetzt, so schiessen bei rascherer Verdampfung auf der bezüglichen Stelle Kryställchen an, nicht aber wenn durch Ueberdeckung mit einem Uhrschälchen langsame Verdampfung herbeigeführt wurde." (Pfeffer: Pflanzenphysiologie, Bd. 1, p. 69—70.) — Diese Beispiele werden genügen, um etwaige Gelüste nach inneren Ursachen im Keim zu ersticken. —

58. Mohl: Ueber den Einfluss des Bodens auf die Verteilung der Alpenpflanzen. p. 53.

59. Dass eine Ausbildung von Blattspreiten bei den cryptogamen Thallophyten stattgefunden haben muss, als sie mit ihren oberen Organen an die Oberfläche des Wassers gelangten, können wir aus dem Verhalten der in unserer Zeit ins Wasser zurückkehrenden Pflanzen schliessen. Ich mache hier nochmals auf die Beobachtung Mers aufmerksam, dass bei Potamogeton natans gar keine Spreiten im tiefen Wasser gebildet werden, dass überhaupt Blattspreiten nur an der Oberfläche entstehen, während sonst die ganze Substanz zur Bildung von Blattstielen verwendet wird. Dieses Verhalten ist am auffälligsten bei Ranunculus aquatilis: Hier sind die Wurzelblätter in viele borstige Lappen zerteilt, während die schwimmenden Blätter (die aber nicht immer vorhanden sind) mit verschieden gelappter Blattspreite versehen sind. Man unterscheidet demnach Ranunculus aquatilis α) peltatus: schwimmende Blätter herzförmig-rundlich, 5lappig, Lappen gekerbt; β) tripartitus: schwimmende Blätter 3teilig, umgekehrt eiförmig, eingeschnittene Lappen. Einige Blätter sind aber oft unregelmässig in breitere und schmalere, oft borstenförmige Lappen zerteilt; (offenbar weil ein Teil der Lappen unterm, der andere überm Wasserspiegel entstanden sind. Verf.); γ) pantothrix: schwimmende Blätter fehlend." (Klinggräff: Flora von Preussen.)

Dann mache ich noch auf Anmerkung 57 aufmerksam, wo nachgewiesen ist, dass selbst bei den Phanergamen kein fundamentaler Unterschied in Function und Substanz der Wurzel- und Blatt- resp. Stengelorgane besteht.

60. Kuntze. l. cit. p. 53.

61. Solms Laubach: Jahrbücher für wissenschaftliche Botanik B. VI (1867—68.)

Perty: Ueber den Parasitismus in der organischen Natur. Virchow u. Holtzendorff. Ser. IV. (1869) p. 711—54.

Frauenfeld: Vorkommen des Parasitismus. 1864.

62. Pfeffer: Pflanzenphysiologie, Bd. I. p. 225 sagt: „Allen Pflanzen, welche organische Substanz aus Kohlensäure und Wasser überhaupt nicht oder in ungenügender Menge produciren, muss durchaus organische Nahrung von aussen zugeführt werden, doch nehmen manche reichlich chlorophyllführende Pflanzen, in denen der Process der Kohlenstoffassimilation in ausgiebigem Masse thätig ist, nebenbei etwas organische Nahrung aus ihrer Umgebung auf, oder sind, wenigstens hierzu befähigt, ohne auf solche Zufuhr organischer Stoffe angewiesen zu sein. Aus solchen, anfangs nur sehr geringe Mengen organischer Substanz aufnehmenden Pflanzen sind offenbar die echten Saprophyten hervorgegangen. —

Sollten die saprophytischen Cryptogamen, die Pilze, nicht vielleicht Nachkommen früher hoch entwickelter Cryptogamen sein, die sich ähnlich wie die phanerogamischen Schmarotzer an die Aufnahme organischer Nährstoffe angepasst haben?

63. S. Laub. l. cit. p. 537.

Caspary: Ueber Nährpflanzen der Mistel. Schriften der physik.-ökonom. Gesellsch. z. Königsberg. Jahrg. VII. (1866), Abt. I. pag. 10.

64. Chaboisseau: Note sur les Viscum album L. et laxum. Boiss. et Reut. (Bull. soc. bot. de France XXVIII Sér. 2. T. III. p. 6—8.)

Wiesbaur: Ueber Viscum laxum (Oesterreich. botan. Zeitschr. XXXI (1881) p. 33).

65. Botanische Zeitung 22 (1864) p. 15.

66. Hoffmann: Botanische Zeitung.

67. Neubert's Gartenmagazin.

68. Sorauer: l. cit. p. 62.

69. Pfeffer: Pflanzenphysiologie Bd. I p. 254.

Pfeffer: Bryogeographische Studien in d. Rhätischen Alpen. 1869. p. 126.

70. Schultz-Fleeth: Der rationelle Ackerbau. 1856. p. 201.

71. l. cit. p. 8.

72. Nägeli: Ueber die Bedingungen des Vorkommens von Arten und Varietäten innerhalb ihres Verbreitungsbezirkes. Sitzungsberichte d. Acad. z. München. 1865. p. 367.

73. Sendtner: Vegetationsverhältnisse in den Bayerischen Alpen. p. 363.

74. Unger: Einfluss des Bodens. p. 156. Bestätigt von: Nägeli l. cit. p. 368.

75. „Die krystallinischen Gebirgsmassen, Granit, Gneis, Syenit und Glimmerschiefer, geben bei der Verwitterung Böden mit dauernden Kaliquellen, und weil der Kalk keinen wesentlichen Gemengteil von ihnen ausmacht, zugleich kalkarme Böden." Knop: Kreislauf des Stoffs. Bd. I. p. 873. —

Die Entscheidung der Frage, was für ein Boden der Sandboden ist, und welche Pflanzen auf ihm am besten gedeihen, ist nicht nur für die Landwirtschaft, sondern für die Ernährung der gesammten Bevölkerung Europas, zumal der Deutschen, von so ausserordentlicher Bedeutung, dass ich gerade die Untersuchung dieser Fragen allen Forschern dringend empfehlen muss. Wir sind in Betreff der Bewirtschaftung und Erkenntnis der Sandböden noch nicht einmal aus den ersten Anfängen heraus, und doch bringt jeder Fortschritt in dieser Richtung der Menschheit unmittelbaren materiellen Gewinn. — Es giebt der Staat jährlich bedeutende Summen für Forschungszwecke aus, deren Erfolge meistens nur geringe, rein theoretische Bedeutung haben, wäre es nicht besser für dieses Geld Expeditionen auszurüsten, welche die fremdländischen Kaliböden auf ihren Pflanzenwuchs, ihre chemischen und physikalischen Eigenschaften untersuchen müssten? Welchen Segen und Reichtum haben die Kartoffeln und Lupinen ins Land gebracht, sollte es nicht möglich sein, noch eine Reihe ähnlicher, ebenso wichtiger Pflanzen zu entdecken?

76. Märcker: Die Kalisalze und ihre Anwendung in der Landwirtschaft. Berlin, Wiegandt, 1880. p. 43. „Die Mergelung des Sandbodens vernichtet die Ertragsfähigkeit dieser Bodenarten für Lupinen."

77. Stur: Ueber den Einfluss des Bodens. Berichte d. Kais. Acad. zu Wien. Bd. XX und Bd. XXV (1857).

78. B. XXV (1857) p. 373.

79. B. XX p. 97 u. B. XXV p. 369.

80. l. cit. p. 191 ff.

81. Kuntze: l. cit. p. 10.

Ueber Salsola Kali sagt Klinggräff (Flora v. Preussen): „Die Pflanze kommt bald mit längeren Blättern und mit höherem, schlankem, weniger breitästigem Stengel vor, so längs der Weichsel; bald mit kürzern und dickern Blättern und mit niedrigem, dickem, ausgebreitet-ästigem Stengel mit liegenden Aesten, so am Seestrande" (von mir sind beide Formen daselbst gesehen). — Eine Form von Salsola Kali, die ganz der an der Weichsel vorkommenden glich, mit sehr dünnen, langen, spitzen Blättern, sah ich im Berliner Universitätsgarten. —

Wie bedeutend, aber auch wechselnd, der Chlornatriumgehalt der Meerstrandpflanzen ist, zeigen folgende Aschenanalysen (Wolff: Aschenanalysen. Berlin 1871. p. 133):

In hundert Teilen der Reinasche	KO.	NaO.	CaO.	Cl.
1. Armeria maritima	8,86	17,21	13,50	14,59

	KO.	NaO.	CaO.	Cl.
2. Desgl. Anderer Standort	14,04	9,77	14,44	15,10
3. „ „ „ (ohne fleisch. Blätter?)	30,65	—	9,12	12,69
4. Artemisia maritima	17,37	31,22	9,00	26,68
5. Aster Tripolium.	16,51	35,96	5,22	43,00
6. Chenopodium maritimum	4,40	40,79	4,24	44,00
7. Arenaria media	18,70	40,54	3,72	36,55
8. Plantago media	11,05	38,00	7,56	43,53
9. „ -Samen	25,40	22,96	8,28	20,77

Wie vereinigen sich diese Aschenanalysen mit den Culturversuchen des Herrn Prof. Hoffmann, die ein negatives Resultat ergaben? Prof. H. hat Plantago media gezüchtet. Und wie erklärt Prof. Hoffmann das Vorkommen von Pflanzen derselben Art bald mit fleischigen bald mit nicht fleischigen Blättern? —

82. Botanische Zeitung. 1875. p. 596.

83. Nägeli sagt: Eine dritte Thatsache von unwiderstehlicher Beweiskraft für die Abhängigkeit der Pflanzen von der chemischen Unterlage geben diejenigen Gewächse, welche nicht im Boden wurzeln l. cit. 372.

83. Cohn: Algen in Thermen u. s. w. Botanische Zeitung. 1875 p. 595.

86. Ascherson: Die geographische Verbreitung der Seegräser. Anleit. zu wissensch. Beobachtungen auf Reisen. p. 360. „Selbstverständlich verträgt keine Seegrasart das Fehlen des Salzgehaltes des Wassers.“

87. Luerssen p. 112; Garcke Flora.

Prof. Hoffmann behauptet, das Zink sei nicht die Ursache der Form calaminaria, weil beide Pflanzen ebensogut ohne Zink gedeihen. Er hat dasselbe von den Salzpflanzen behauptet, und jedenfalls hat er auch hier Unrecht. Prof. H. durfte aus seinen Culturversuchen nur schliessen: V. cal. ist eine constante Art und sie gedeiht wie alle Pflanzen auf Culturboden, anscheinend ohne Formveränderungen. Hätte er die auf Culturboden gezogenen Pflanzen analytisch untersucht, hätte er vielleicht gefunden, dass das Zink durch ein anderes Element vertreten war.

88. Der rein theoretisch aufgestellte Satz, dass im Kampf um die Nahrung, die am besten einem Nahrungsgebiet angepassten Individuen bestehen bleiben, dass unter den Nachkommen dieser wiederum die besten bestehen bleiben u. s. f., und dass hieraus eine beständige Fortentwicklung der Pflanzenwelt resultire, ist nur in seinem ersten Teile richtig: Die am besten einem Nahrungsgebiet angepassten Individuen bleiben im Kampf um die Nahrung bestehen; der zweite Theil kann schon durch rein theoretische Schlüsse widerlegt werden. Wir sehen, dass in dicht stehenden Kieferwäldern eine grosse Anzahl Bäume von anderen überwachsen werden

und absterben, hier findet also unter den einzelnen Pflanzen ein sehr heftiger Kampf um die Nahrung statt und es müssten in Folge dessen die Kiefern eine beständige Fortentwicklung zeigen, davon ist aber bis jetzt nichts zu merken gewesen, denn die Kiefern sind seit Jahrtausenden constant. Woher kommt das? Wenn von einer Art die besten Individuen erhalten bleiben, so ist klar, dass diese sich nicht mehr fortentwickeln dürfen, weil ihre Organisation genügt, die andern aus dem Felde zu schlagen. Die Samen, welche die „besten" hinterlassen, sind durchaus nicht von gleicher Güte, ja es ist sehr fraglich, ob einer der Nachkommen die Grösse und Höhe der Eltern erlangen wird (nicht jedes Genie erzeugt wieder Genie's), wenn nun von diesen Nachkommen die „besten" bestehen bleiben, ist damit durchaus nicht eine Fortentwicklung garantirt. — Es ist aber durchaus nicht wahr, dass Pflanzen sich am besten entwickeln, wenn sie um die Nahrung kämpfen, das heisst eng und gedrängt stehen. Wollny hat Untersuchungen über den Einfluss des Standraums auf die Entwicklung und Erträge der Culturpflanzen angestellt. (Journal für Landwirtschaft XXIX. Heft 1. p. 25—62, auch Separatabdruck. Berlin 1881) und ist dabei zu folgenden Resultaten gekommen: „Die Qualität der geernteten Körner ist am besten bei dünnerem Stande der Pflanzen. Bei den Wurzelfrüchten sind die geernteten Wurzeln um so grösser, je grösser innerhalb gewisser Grenzen der der einzelnen Pflanze angewiesene Bodenraum ist. Die Stroh- und Futtererträge steigen im allgemeinen mit dem engeren Stande der Pflanze. Bei der einzelnen Pflanze steigt die Grösse des Ertrages mit der des Bodenraums bis zu einer gewissen Grenze, die eine verschiedene ist, je nach den Culturpflanzen und ihren Varietäten. Wo die Steigerung der Erträge ihr Maximum erreicht hat, ist das Verhältnis zwischen Bodenraum und Ertrag am günstigsten, während der Maximalertrag der Pflanze erst bei grösserem Raum eintritt. Es beruht das auf der Abschwächung der Intensität des Lichtes, auf der Entziehung des Wassers durch die Transpiration u. s. w." Etwas ähnliches lehrt uns jede Forst, nicht dort, wo die Bäume am dichtesten stehen, erreichen sie ein Maximum ihrer Entwicklung, sondern auf durchforsteten Stellen. Den Todesstoss erhält der Satz, dass der Kampf um die Nahrung formverändernd wirkt, durch folgendes Gesetz; welches von Dr. E. Dönhoff in Orsoy erkannt ist (Beiträge zur Physiologie. Annalen der Physik und Chemie Bd. XVI. Heft 2. (1882, No. 6), es lautet: „Ein einfaches Gesetz bewirkt die Constanz der Individuenzahl bei den (perennirenden) Gewächsen: Das Leben der Alten ist der Tod der Jungen, der Tod der Alten ist das Leben der Jungen." Die Folgerungen aus diesem Satze mag jeder selbst ziehen.

89. Man kann gegenwärtig kein Buch, das über naturwissenschaftliche Fragen handelt, öffnen, ohne sofort auf den Fehler zu stossen, dass der Nutzen eines Organes für dessen Entstehungsursache genommen wird: Ameisen können nicht an behaarten Pflanzengliedern in die Höhe klettern

und die Blüten zerstören, folglich ist die „Bildung“ der Haare erklärt; in den Alpen giebt es grosse Blüten und wenig Insekten, folglich ist die Grösse der Blüten erklärt; an den Dornen stechen sich Naturforscher, wilde Esel, Hirsche (aus Kuntze), folglich ist die „Bildung“ der Dornen erklärt; den Nektar saugen die Insekten aus bunten Blüten, folglich ist die Entstehung der Insektenformen, der Blüten und des Nektar erklärt. Ja man hat diese Art der Erklärung bereits in ein System gebracht. Pfeffer sagt (Einleitung zur Pflanzenphysiologie, p. 9.): „Es antwortet die Pflanze auf Eingriffe im allgemeinen — so weit es die inneren Ursachen gestatten — mit zweckentsprechenden Formen und unter abnormen, wie normalen Verhältnissen pflegt die Ursache eines Bedürfnisses auch die Ursache (Veranlassung) der Befriedigung des Bedürfnisses zu werden. Dass gerade einer theleogischen Mechanik entsprechend die Pflanze reagirt und arbeitet, ist eine Eigenschaft, die wir so gut wie andere ererbte Qualitäten als gegeben hinnehmen müssen.“ Das genügt allerdings! Bei einer solchen Erklärung bleiben dann freilich nur zwei Möglichkeiten übrig: Die erste lautet:

Es wissen die Pflanzen, dass die Naturforscher, wilden Esel und Hirsche sich an den Dornen stechen werden, und bilden darum Dornen. Dann sind die Pflanzen freilich höher organisirt als die Menschen, denn die Menschen wissen, dass Flügel ihnen sehr gute Dienste leisten würden, und bemühen sich schon seit ihren ersten Anfängen einen Ersatz für dieselben zu schaffen, denn leider „reagirt ihr Organismus nicht einer theleologischen Mechanik entsprechend“; auch wächst ihnen kein abgeschossenes Bein neu, wenn sie auch noch so fest glauben, „dass die Ursache eines Bedürfnisses die Ursache (Veranlassung) der Befriedigung des Bedürfnisses sein werde.“ Dagegen wachsen bei Triton die abgeschnittenen Füsse sowie der Schwanz wieder nach; ob bei diesen das Bedürfnis nach Beinen grösser ist als bei den Menschen?

Die zweite Möglichkeit ist die, dass eine immaterielle Kraft die Pflanze Dornen bilden lässt, weil sie ihr nötig sind; nennen wir alsdann diese immaterielle Kraft „Gott“, dann stehen wir glücklicherweise auf dem alten theologischen Standpunkt, dann haben wir einen Sündenbock, dem wir alle unsere Unkenntnis aufladen können; „es entsteht ja dann alles aus inneren Ursachen nach Bedürfnis“, wir aber wollen uns dann bescheiden in unser Kämmerlein zurückziehen, die ganze Forschung an den Nagel hängen und träumen, denn eine wirkliche Erklärung mechanischer Vorgänge ist unter solchen Umständen nicht mehr möglich. —

Der Kampf um das Leben bei Tieren.

1. Häckel: Das Protistenreich. Leipzig 1878. p. 13.
2. Kummer: Einleitung in die Pilzkunde. Vorwort.
3. Settegast: Tierzucht. p. 39.
4. Am besten wird von den Raupen bewiesen, dass jede Art ihre besondere Nahrung hat, und dass nicht allein Eiweiss sondern auch andere Stoffe zur Nahrung des Individuums gehören. Die Raupen haben einen so gleichmässig gebauten Organismus, dass sie ohne Zweifel die Blätter sämmtlicher Pflanzen würden mechanisch zerkleinern können, trotzdem lebt jede Art von bestimmten Pflanzen, die Blätter anderer werden von ihnen nicht einmal berührt, obgleich andere Raupen dieselben ausschliesslich verzehren. Warum?
5. Die Bemerkungen über die Nahrung, die physiologischen und psychologischen Fähigkeiten der Insekten sind wörtlich dem „Handbuche der Zoologie von Carus und Gerstäcker" entnommen. Wo der Wortlaut verändert ist, oder gar eigene Bemerkungen des Verfassers sich befinden, weist die Klammer (Verf.) darauf hin.
6. Lubbock: Die Metamorphose d. Insekten. p. 7. Die Stelle lautet wörtlich: Die Species, die zu den Hymenopteren gehören, die Gall- und Blattwespen, die Ichneumonen (Schlupfwespen) und vor allem die Ameisen und Bienen, sind unter den Insekten wohl die interessantesten. Wir pflegen die anthropomorphen Affen in der Stufenleiter der Schöpfung dem Menschen am nächsten zu stellen, wenn wir aber die Tiere nach ihrer geistigen Befähigung beurteilen sollten, so müssten Chimpanse und Gorilla sicherlich der Biene und der Ameise Platz machen. (Statt Bienen würde wohl besser Wespen stehen, und vielleicht steht es im Original wirklich. Mir ist dasselbe leider nicht zur Hand.)
7. Die Bemerkungen über die Vögel und Säugetiere sind „Brehm's Tierleben" entnommen.
8. An einer Stelle seines Werkes über das Tierleben sagt Brehm dem Sinne nach etwa folgendes: Wir beobachten die Handlungen der Tiere und ziehen daraus Schlüsse auf die geistigen Fähigkeiten derselben; da aber die meisten Handlungen verschiedene Deutung zulassen, so sind diese Schlüsse nie exacte Beweise.

Ungemein variiren die Ansichten über die geistigen Fähigkeiten der einzelnen Säugetierarten. Es kommt garnicht selten vor, dass der eine Forscher von einem Tiere behauptet, es besässe Klugheit und grosse Verstandeskräfte, während der andere es für dumm zu halten geneigt ist; Liebhaberei auf der einen, Abneigung oder Gleichgültigkeit auf der andern Seite lassen das Tier geistig bald höher, bald niedriger erscheinen.

Da ohne Zweifel die Beobachtungen Brehms sehr sorgfältig sind, ich mir ausserdem nicht den Vorwurf machen lassen wollte, dass ich mir die Thatsachen nach Bedürfnis zurechtgelegt habe, sind die Mitteilungen Brehms auch dort abgedruckt, wo sie mit meinen Ansichten, die sich meistens auf die anderer Forscher stützen, nicht übereinstimmen. Ich habe mir jedoch erlaubt, an den betreffenden Stellen durch ein Fragezeichen zur nochmaligen Untersuchung des betreffenden Tieres und dessen Fähigkeiten aufzufordern.

Ich will hier noch bemerken, dass die Dressurfähigkeit eines Tieres durchaus keinen Beweis für dessen geistige Fähigkeiten liefert. Im Gegenteil: diejenigen Tiere, welche ihre Selbstständigkeit leicht aufgeben, sind nicht die begabten, sondern diejenigen, welche ihre Selbstständigkeit am längsten verteidigen.

Noch eine Erklärung: Ich spreche immer von physiologischer Begabung auch dann, wenn ich die Gestalt eines Organes im Auge habe; das hat folgenden Grund: Es giebt nur eine Art von Gliedern die rein morphologische Bedeutung haben, die rudimentären Organe; aber gerade diese lehren, dass es kein functionsloses Glied am Organismus giebt, denn eben dadurch, dass jene Glieder ihre Functionen eingestellt haben, sind sie rudimentär geworden; es besteht also ganz allgemein das Gesetz: Jedes Glied eines Organismus erfüllt eine physiologische Function, mit dieser entwickelt es sich auf- oder abwärts. Daher der Ausdruck, ein Individuum sei physiologisch wohl entwickelt.

9. Gustav Jäger: Zoologische Briefe. p. 32.

10. Gustav Jäger: l. cit. p. 10ff.

11. Die Beschreibung der Metamorphose der Sacculina nach Semper: Die natürlichen Existenzbedingungen der Tiere. Bd. I. p. 58.

12. Rudolph Leuckart; Allgemeine Naturgeschichte der Parasiten. Leipzig 1879. p. 118ff.

13. Lubbock: Ursprung und Metamorphose der Insekten.

Vitus Graber. Die Insekten. Bd. II. Wo auch die übrige Literatur angegeben ist.

14. Auf die Erlangung der Flügel bei der Geschlechtsreife ist ganz besonders Gewicht zu legen.

15. Weismann: Studien zur Descendenztheorie. p. 168 sagt: Die vollkommene Metamorphose bei den Insekten ist durch allmähliche Anpassung an verschiedene Entwicklungsstufen und immer weiter von einander abweichende Lebensbedingungen entstanden.

16. Vitus Graber: Die Insekten. p. 57.

17. Die Darstellung der Mimicry nach Semper: Existenzbedingungen der Tiere. Bd. II. p. 225ff.

Ueber Mimicry ausserdem: Wallace: Beiträge zur Theorie der natürlichen Zuchtwahl; und Bates: Der Naturforscher am Amazonenstrom.

18. Wallace. l. cit. p. 143.

19. Semper. l. cit. II. p. 239.

20. l. cit. II. p. 253.

21. l. cit. II. p. 244.

22. Graber. l. cit. p. 71.

23. Benett: Constanz der Insekten beim Blumenbesuch. Aus der 50. Versammlung der British Association for the Advancement of Science zu York. 31. Sept. bis 7. Oct. 1881. Ref. im Bot. Centralbl. VIII p. 125 von Behrens (Göttingen); Wenn Powell: Constancy of Insects visiting Flowers (Nature. Vol. XXIV (1881) No. 622 p. 509.) die Constanz für einzelne Schmetterlinge bestreitet, ist er damit völlig im Rechte, nur darf er daraus nicht den Schluss ziehen, dass alle Schmetterlinge völlig blumenvag wären. — Wenn der Bär omnivor ist, ist damit noch nicht bewiesen, dass alle Säugetiere omnivor sind.

24. l. cit. p. 247 ff.

25. Das nähere darüber in Brehm's Tierleben. (Ich mache besonders auf die daselbst befindlichen Zeichnungen aufmerksam.)

26. Dieser Abschnitt wörtlich aus Dr. L. Möller: Die Abhängigkeit der Insekten von ihrer Umgebung. Leipzig 1867. p. 15

27. Froriep: Die Macht d. Menschen in der Natur. Deutsches illustrirtes Familienbuch. 1859. p. 23.

28. Aus Semper. l. cit. p. 82.

29. Brehm: Tierleben.

30. Dieser Abschnitt und die folgenden wörtlich aus Semper. Bd. I. p. 83.

31. Gustav Jäger: In Sachen Darwins 1874, p. 96.

32. G. Jäger: In Sachen p. 93 sagt: „Da die Vergrösserung eines mehr beschäftigten Körperteils stets die Verkleinerung eines relativ minder beschäftigten zur Folge hat, so müssen sich die Proportionsverhältnisse ändern; es bekommt z. B. ein schnellfliegender Vogel längere Flügel auf Kosten seiner Fusslänge u. s. w." d. h. doch nur dann, wenn er die Füsse im Verhältnis weniger gebraucht.

33. Settegast: Tierzucht, p. 56.

In der „Landwirtschaftlichen Post" Nr. 47 (20. Nov. 1883) teilt Prof. Kirchner mit, dass Prof. Julius Kühn in seinem landwirtschaftlichen Tiergarten zu Halle Fettsteissschafe gezogen habe. „Durch die betreffenden Tiere, heisst es weiter, hat der genannte Forscher auch nachgewiesen, dass die Ausbildung des Fettsteisses nicht, wie man früher meinte, an die Salzsteppen, an die Aufnahme von Salz im Futter gebunden ist. Die in Berlin ausgestellten Fettsteissschafe waren ebenso wie alle anderen Schafe im hallischen Tiergarten gehalten und gefüttert und trotzdem haben sie sich überhaupt und speciell der Fettsteiss in einer so üppigen Weise entwickelt, wie es bei den auf der Steppe aufgewachsenen Tieren im Durchschnitt nicht der Fall ist." Mir ist es längst unwahrscheinlich gewesen, dass der „Salzgehalt" die Fettsteissbildung bewirken sollte; anderseits muss jedoch aufrechterhalten werden, dass viele Forscher ein Variiren des Fettsteissschafes in der Fremde beobachtet haben. Durch wie viel Generationen waren die betreffenden Tiere im hallischen Tiergarten gezüchtet?

Dasselbe Blatt bringt eine Serie von Artikeln: „Ueber die Geflügelracen" von Dr. Karl Russ, einer Autorität auf dem Gebiete der Hühnerkunde; diesen Artikeln (Landw. Post von 1883, No. 9 bis 47) entnehme ich folgendes: „Zunächst sehen wir die eigentümliche Erscheinung, dass es in verschiedenen Gegenden bestimmte, ganz absonderliche Lokalracen des Landhuhns giebt." (Also genau so wie bei den Schafen, Pferden, Rindern, überhaupt sämmtliche Haustierarten.) — Das Lakenfelder Huhn von grosser Schönheit, in seiner Heimat Westfalen sehr beliebt, ergiebt sich entfernt von seiner Heimat als Landhuhn keineswegs als ausdauernd, kränkelt viel und entartet bald. Das Ramelsloher Huhn um Hamburg ist seit Menschengedenken dort heimisch, und ist offenbar eine reine, durchaus unvermischte Race. Die Nahrung und Fütterung desselben ist nicht anders wie die sonstiger Landhühner; sie kratzen und scharren wie diese nach Gewürm aller Art, stellen den Fröschen nach, hacken sie zu Tode und verzehren begierig deren Fleisch, Eingeweide und namentlich die Galle zurücklassend. Auch giebt man dem Huhn in der Legezeit die an den Ufern der Elbe und Sauve zu gewissen Jahreszeiten fleissig eingefangenen uud eingesammelten Weissfischchen, sowie im Herbst gefangene Frösche; — hauptsächlich erhalten aber die Küken die Fische als besonders diensames, ja wichtiges Beifutter. Es ist bewiesen, dass die Küken, welche gleich nach dem Auskommen von der Bruthenne (dem Puterhuhn) genommen werden und ohne Glucke bleiben, ohne derartiges Fisch- und Amphibienfleisch nicht gesund bleiben und noch weniger nach Bedarf gedeihen und wachsen. Sie werden, auf solche Art gezogen, krank, meistens bleichsüchtig, lassen die Flügel hängen und verkümmern. Als dürftige Aushilfe werden, wie erwähnt, Frösche verwandt. — Die Bergischen Kräher zeichnen sich durch einen langanhaltenden, in mehrere Tonarten übergehenden, zuweilen sogar trillernden und doch fast melancholisch klingenden Hahnenschrei aus. Russ hat immer die Beobachtung gemacht, dass die nach fernen Gegenden hin verpflanzten Bergischen Kräher regelmässig bald ihre Haupteigentümlichkeit, das absonderliche Krähen verlieren; in der zweiten oder gar dritten Generation sind sie von den übrigen Hähnen auf dem Hof im Krähen nicht mehr auffallend verschieden — und mit Feststellung dieser Thatsache ist doch offenbar eine Entartung der Race bewiesen." —

34. Settegast spricht dieses Gesetz klar aus: „Keinem beobachtenden Landwirte, schreibt er, l. cit. p. 396, kann es entgangen sein, dass sich einzelne Tiere leicht, andere nur schwer ernähren lassen. Die ganze Constitution des Individuums, das Temperament, der Bau der Verdauungsorgane, die Respirationsorgane (Capacität der Lungen) wirken darauf ein und können den notwendigen Futterbedarf verändern. Daher kommt es, dass Stämme und Herden derselben Race nicht selten sehr verschiedene Ansprüche an Quantität und Qualität des Futters machen, sich bald leichter, bald schwerer ernähren." Wir müssen hinzusetzen: Durch Anpassung an die verschiedene Nahrung haben die Individuen verschiedene physiologische Fähigkeiten erlangt und nun fordern die physiologischen Fähigkeiten die verschiedene Nahrung, daher lassen sich die Tiere nicht gleich gut ernähren.

35. Bohm: Die Schafzucht, p. 1132.

36. Bohm l. cit. p. 640 u. Settegast l. cit. p. 39 u. Anmerkung.

37. Ranke: Ernährung des Menschen, p. 76.

38. Landwirtschaftliche Post, Beiblatt zur Zeitung: „Die Post". Jahrgang 1883, No. 14, 11, 47.

39. Es ist hier nicht der Ort zu untersuchen, was an der Jägerschen Theorie richtig, was unrichtig ist. Es kam mir blos darauf an, nachzuweisen, dass Jäger vor Sanson die Beeinflussung des Nervensystems durch in der Nahrung enthaltene Stoffe nachgewiesen hat (ob das Seelenstoffe sind oder nicht, spielt hier gar keine Rolle.). Noch weniger kommt es „mir" zu, auch wenn ich die Absicht dazu hätte, für Jäger einzutreten. Es würde der von ihm vertretenen Sache nichts nützen, sondern nur schaden, denn da ich titellos bin, wird man sich natürlicherweise die Gelegenheit nicht entgehen lassen, mich für einen Dilettanten zu verschreien, obgleich ich meine Semester ebenso ehrlich abgesessen habe, wie sonst jemand; aber bei manchen Herren Gelehrten besteht ja die ganze Gelehrsamkeit nur in den Titeln. Was würde es wohl Jäger nützen von einem Dilettanten gelobt zu werden?

Eine Bemerkung kann ich jedoch nicht unterdrücken: Als einst Darwin auftrat, da war Jäger einer der Bannerträger der jungen Lehre; schon aus diesem Grunde, glaube ich, haben die Darwinisten die Pflicht, sich für ihn oder gegen ihn zu erklären, denn es ist auch ehrenvoll, einen gediegenen Forscher von einem falschen Wege abgebracht zu haben, und, dass der Weg, den Jäger wandelt, falsch sei, davon sind doch recht viele überzeugt. — Es giebt ja leider eine Reihe von „Leuchten der Wissenschaft", denen die gewaltigen Fortschritte der Naturforschung bis jetzt nur Schweigen abgenötigt haben; ist denn aber unter der jüngeren Generation der Naturforscher keiner, der es wagt, der von ihm verachteten Theorie öffentlich entgegenzutreten? Kritisirt man jetzt nur noch auf der Bierbank oder im Colleg? —

40. Wir wissen längst, dass anfangs ein geringes Quantum der Nervina Wein, Alkohol u. s. w. genügt, um das Nervensystem zu erregen, dass aber bei beständigem Gebrauch derselben eine Zeit kommt, wo dieses Quantum nicht mehr genügt, so dass man nach und nach immer grössere Quanta wählen muss, soll das Nervensystem fortdauernd erregt werden. Da gleiche Quanta ein und desselben Stoffes immer gleiche Wirkung ausüben, müssen wir notwendigerweise schliessen, dass das Nervensystem eines Individuums bei beständigem Gebrauch eines Nervinums eine Veränderung erfährt, die es befähigt, dem bestimmten Quantum des Nervinums zu widerstehen, d. h. es wächst die Leistungsfähigkeit des Nervensystems parallel der Wirkung des Nervinums, und sie ist eine Folge dieser Einwirkung. Ist das Nervensystem stark verändert, so fordert es nun seinerseits das Nervinum zu seiner Erhaltung.

Dass die Steigerung nur bis zu einer gewissen Grenze möglich ist, über diese hinaus die Vernichtung des Organismus beginnt, darf wohl kaum erwähnt werden.

Was nun von einem Nervinum gilt, gilt auch von sämmtlichen andern, und wir haben hier also einen zweiten Beweis für die im Texte aufgestellte Hypothese.

Ein Gewöhnen an grössere Dosen eines Stoffes, die bei Ungewöhnten unfehlbar den Tod nach sich ziehen würden, beobachtete man bei Opium-, Morphium-, Strychnin-, Nicotingenuss.

Ich werde in einer besonderen Arbeit die Beeinflussung des Nervensystems durch die Nährstoffe u. s. w. ausführlich behandeln. —

Ueber die Beeinflussung des Organismus durch Alkoholgenuss entnehme ich der Broschüre: Die Trunksucht und ihre Bekämpfung von Dr. Baer folgendes: Die Neigung zu unmässigem Genuss berauschender Getränke liegt in einer nicht geringen Anzahl von Fällen in einer krankhaften Anlage, und bei vielen Individuen ist sie durch die in Folge des gewohnheitsmässigen Alkoholmisbrauchs degenerirten Organisation zu einer krankhaften Anomalie geworden. In vielen Fällen ist der Hang zum Alkoholgenuss angeboren, gar viele Beispiele zeigen, wie die Kinder von Trinkern wieder Trinker geworden sind, es liegt in der Constitution dieser Nachkommenschaft eine Schwäche, die bei ihr den Hang und die Sucht nach excitirenden Substanzen hervorrufen. „Diese Personen sind, wie ein amerikanischer Beobachter, Dr. Parrish, hervorhebt, mit einem Temperament und einer Tendenz geboren, die sie prädisponiren, eine Exaltation zu suchen, wie sie der Alkohol gewährt.“ Wie sich Leidenschaften und Laster, wie sich leibliche Eigenschaften der Eltern auf die Kinder vererben, überträgt sich auch das Bedürfnis nach Stimulantien auf die Nachkommenschaft. Der berühmte französische Irrenarzt Morel hat für die erbliche Degeneration in Säuferfamilien folgende Stufenleiter aufgestellt: Die erste Generation zeigt ethische Degeneration zu Alkoholexcessen; die zweite Generation leidet an Trunksucht, an Wutanfällen und allgemeiner Hirnlähmung; in der dritten Generation erscheinen Geisteskrankheiten, Epilepsie, Selbstmord und Mordtrieb; die vierte Generation geht ohne Nachkommenschaft unter Symptomen des Schwachsinns und des Idiotismus zu Grunde."

Also in der ersten Generation wird der Organismus dem Alkoholgenuss angepasst, in der zweiten fordert nun der so umgewandelte Organismus den Genuss von Alkohol. Man beachte auch die geistige Umwandlung; Eigenschaften, die anfangs nur bei unmässigem Genuss der geistigen Getränke eintraten, zeigen sich in späteren Generationen scheinbar unabhängig; sie beherrschen dann bereits das ganze Denken und Empfinden. Es ist immer dieselbe Erscheinung: Wenn ein Individuum zu einer neuen Nahrung übergeht, wandelt sich sein Organismus entsprechend der Wirkung der neuen Nahrung um; der so umgewandelte Organismus fordert nun seinerseits die betreffende Nahrung. —

41. Ich habe absichtlich gesagt: es kommt den Alkaloiden und anderen Stoffen in der tierischen „Nahrung" eines Individuums eine grössere Wirkung auf das Nervensystem zu als den Alkaloiden seiner vegetabilischen „Nahrung". Dass es für jedes Tier auch unter den Pflanzen sehr heftige Nervina giebt, weiss jedes Kind. Es giebt für jedes Tier „Giftpflanzen", die aber nur individuell Giftpflanzen sind, da sie anderen Tieren zur Nahrung dienen; es wird aber keinem Tiere einfallen, „seine" Giftpflanzen zu verzehren.

42. Bekanntlich wird ein Kaninchen durch einige Gramm Fleischextract getödtet, man schrieb diese Wirkung den in dem Extracte enthaltenen Salzen zu. Es ist aber nachgewiesen, dass dieses nicht der Fall ist; ebenso wenig kommt den „Salzen" die nach Bouillongenuss eintretende Erregung der menschlichen Nerven zu. „500 grm der Chevreulschen Bouillon enthalten nur 0,9380 grm bis 1,2370 grm Kalisalz, eine Quantität, welche wir ohne weiteres für unbeträchtlich halten können. 0,9380 grm Kalisulphat entspricht aber fast der gewöhnlich gegebenen Dosis von 1,0 grm, bei der man irritirende Wirkungen nicht beobachtet. Es liegt die Wirkung der Bouillon also nicht in den Kalisalzen. Bogolowski fand, dass Kaninchen durch eine Dosis Fleischbrühe getödtet werden konnten, deren Asche zum Tödten des Kaninchens nicht ausreicht. (Bogolowski: Ueber die Wirkung der Fleischbrühe, des Fleischextractes u. s. w. Centralblatt f. d. med. Wissenschaften No. 32.)" Aus Baltzer Nahrungs- und Genussmittel. p. 49/50.

43. Ranke: l. cit. p. 114.

44. Jäger: Entdeckung der Seele. 1880. p. 7.

45. Semper: l. cit. p. 76.

47. Brehm: Tierleben.

48. Jäger: Entdeckung d. S. p. 200.

49. Jäger: Entdeckung d. S. p. 200.

50. ibd. p. 200. Bestätigt durch Guckeisen: Die neuesten Ernährungsgesetze nach v. Pettenkofer und Voit, p. 57: Die Abmagerung und Kraftlosigkeit; ferner jene unbehagliche, leidenschaftliche, reizbare Stimmung, die wir unter dem Proletariat wahrnehmen, sind Symptome des Hungers. —

51. Wird bewiesen durch die Pferde „mit Gras- oder Heubauch" und durch die Varietät der Gemse, welche tiefer vom Gebirge herabsteigt und dann plumpern Leib und weniger geistige Fähigkeiten besitzt.

52. Moleschott: Physiologie der Nahrungsmittel. 2. Aufl. 1858. p. 163.

53. Virchow: Ueber Nahrung und Genussmittel. 1868. p. 35.

54. Man komme hier nur nicht mit den Einwürfen, dass Newton seine Optik bei Wasser und Brod geschrieben habe, dass viele grosse Männer zeitweise gehungert haben u. s. w. Die Thatsachen mögen völlig richtig sein, beweisen aber nur, dass eine durch Generationen angesammelte geistige Kraft nicht in wenigen Wochen zu Grunde zu richten ist. Ausserdem bedenke man, dass der Mensch im Hungerzustande geistig reger wird. Siehe Anm. 50.

Dass überhaupt jeder Mensch, wenn auch in beschränkterem Grade, Abwechslung in der Nahrung notwendig hat, ist allbekannt. „Auch bei dem einfachsten Mahl der Armut finden wir das Bestreben nach Abwechslung in den Geschmacksreizen realisirt." (Ranke. l. cit. p. 159).

55. Moleschott. l. cit. (Abschn. 8—10.) p. 562.

56. Smith: Nahrung (Bd. 6—7 d. internat. wissensch. Bibliothek 1874). p. 105.

57. Smith: l. cit. p. 105.

58. Mol.: Abschn. VII. Cap. III. § 9.

59. Mol.: Cap. III. § 9.

60. Brücke: Physiologie. Bd. I. p. 270.

61. Mol.: Abschn. VII. Cap. III, § 3.

62. Mol.: Abschn. VII. Cap. III, § 10.

63. Mol.: Abschn. VII, Cap. III, § 13.

64. Smith. l. cit. p. 265.

65. Siehe Anmerkung 40/41.

66. Es begegnen sich hier Theorie und Erfahrung, denn Jäger schreibt: Entdeck. d. Seele p. 12: „In meiner Schrift in Sachen Darwins habe ich p. 15 von constanten und variirenden Tierformen gesprochen, und wenn ich jetzt meine praktischen Erfahrungen als Tiergarten-Direktor mir vergegenwärtige, so komme ich zu dem Schluss: die constanten Formen sind die, welche am strengsten monophag sind, bei denen also die chemische Adäquatheit zwischen Tier und Nahrung den höchsten Grad erreicht hat." Hätte Jäger diesen Satz zu Ende

gedacht, so hätte er unfehlbar die von mir aufgestellten Gesetze finden müssen.

67. Siehe Anmerk. 69.

68. Diese omnivoren Arme haben jedoch meistens bald extreme Ausbildung nach einer Richtung erfahren, so dass sie ebenfalls als sehr verzweigte Abzweigungen vom Stammbaum angesehen werden müssen. Wir sehen die Vögel zu ausschliesslichen Bewohnern der Luft, die wasserbewohnenden Säugetiere zu ausschliesslichen Wasserbewohnern werden und damit die Universalität des omnivoren Organismus verlieren. So sind die Verzweigungen meistens nur anfänglich gleichartig, später erlangt die fähigste das Uebergewicht.

69. Ranke. l. cit. p. 117 schreibt: Die pflanzenfressenden Tiere haben einen längeren und höher entwickelten Verdauungscanal als die fleischfressenden. Ein fleischfressendes Tier wäre unter keinen Umständen im Stande, sich mit Gras oder Heu zu erhalten, da ihm für diese schwer zersetzliche und besonders voluminöse Nahrung die Verdauungsvorrichtungen mangeln, welche der Wiederkäuer in seinem langen Verdauungskanal, in seinen drei Magen, in seiner Fähigkeit des Wiederkauens u. s. w. besitzt. Der Omnivore steht in Beziehung auf die Ausbildung seiner Verdauungsorgane zwischen Pflanzen- und Fleischfressern.“ Also schon bei den ersten Degenerationsstufen wäre nach dieser Anschauung eine Rückentwicklung kaum denkbar.

70. Dass bei den Pflanzen ein ähnliches Entwicklungsgesetz wie bei den Tieren besteht, ist zweifellos, doch ist dieses nicht so einfach, wie dasjenige der Tiere, denn, während den Tieren eine gewisse Freiheit der Aussenwelt gegenüber verblieben ist, sind die Pflanzen auf's engste mit derselben verknüpft, so dass jeder Veränderung in der Aussenwelt sofort eine Veränderung in der betreffenden Flora folgen muss. Die Geologie hat längst gelehrt, dass die Pflanzenentwicklung sich aufs engste den geologischen Formationen anschliesst: In der devonischen Formation treten die Gefässcryptogamen häufiger auf, sie erreichen in der carbonischen Formation und Dyas ihr Maximum und verschwinden seitdem mehr und mehr; es beginnen die Coniferen und Cycadeen, erreichen ihr Maximum in Trias, Jura und Kreide und weichen langsam zurück; zugleich treten die Angiospermen auf und schreiten durch Tertiär, Diluvium und Alluvium ihrem Maximum zu.

Betrachten wir einmal diese Formationen. In der carbonischen Formation war offenbar die Menge der Kohlensäure und des Kalks eine bedeutend grössere, das lehren die mächtigen Kohlenlager und die später folgende Kreideformation, die ja zum grössern Teil aus kohlensaurem Kalk besteht. Wir wissen nun, dass den gegenwärtig lebenden Pflanzen eine geringe Zufuhr von Kohlensäure nicht schädlich, sondern nützlich ist, dass aber eine Steigerung über die Maximalgrenze den Pflanzen zum

Verderben gereicht. Es ist garnicht unwahrscheinlich, dass die meisten Pflanzen der Gegenwart in einer Atmosphäre, wie sie zur Zeit der carbonischen Formation herrschend war, garnicht würden gedeihen können. —

Wir wissen, dass die Tiere von den Pflanzen in Betreff ihrer Nahrung abhängen, es müssen daher die Tiere, wenn auch in einem gleichmässigeren Tempo, den Pflanzen in der Entwicklung folgen, so dass das Auftreten einer neuen Pflanzenformation das Auftreten einer neuen Tierformation zur Folge haben muss, auch diese Folgerung wird durch die Geologie bestätigt.

Ich denke mir die Entwicklung so, dass an den Anfang und an das Ende einer Pflanzenformation die Entstehung eines neuen Knotenpunktes in der Tierentwicklung fällt. Wie schon gesagt, trägt das am höchsten entwickelte omnivore Tier in sich die Fähigkeit alle anderen Tiere zu vertreiben. Wenn nun am Ende einer Periode die Nahrung knapp wird, so wird damit zugleich der Kampf um die Nahrung am heftigsten entbrennen, und es werden die meisten Polyphagen und Monophagen dabei hren Untergang erleiden, sodass am Schluss der Periode nur wenig omnivore Geschöpfe übrig geblieben sind. Tritt nun eine neue Pflanzenformation auf, so zweigen sich von den Omnivoren pflanzen- und tierfressende Individuen ab und bilden neue Aeste am Stamm der Entwicklung; nur eine geringe Anzahl bleibt omnivor und entwickelt sich weiter von Stufe zu Stufe. Sobald die Pflanzenformation ihr Maximum erreicht, hat auch die Tierformation, die von ihr abhängt, ihr Maximum erreicht; nun beginnt die Pflanzenformation langsam zu sinken und da in Folge dessen der Nährstoffkreis enger wird, beginnt das Uebergewicht der Omnivoren, die schwächeren Monophagen und Polyphagen werden verdrängt, sodass am Schluss der Periode fast ausschliesslich Omnivore vorherrschend sind; diese verzweigen sich in der nächsten Formation nnd so fort. —

Mit dem Beginn der geologischen Formation, welche durch die Angiospermen charakterisirt wird, sind die Säugetiere aus Omnivoren entstanden; durch mehrere Stufenfolgen hat sich ihr omnivorer Stamm bis zu den Menschen fortgebildet; wir sehen bereits den Menschen als Beherrscher der Erde; aber mit dem Fall der Angiospermen wird auch sein Fall eintreten: in einem wilden Kampf um die Nahrung (Uebervölkerung) wird sich das Menschengeschlecht zum grossen Teil selber vernichten, bis ein geringer Bruchteil übrig geblieben ist. Aus diesem Bruchteil, der die besten und fähigsten Individuen enthalten wird, wird eine neue Tierformation gebunden an eine neue Pflanzenformation entstehen.

71. Wir wissen, dass einige Raubtiere Sohlengänger sind, schon dies weist darauf hin, dass sie von den Bären abstammen.

Bei Besprechung der Abstammung der Cetaceen sagt Prof. Fowler

(Kosmos, Jahrgang VIII (1883), Heft 7, p. 531): Dass die Huftiere gegenwärtig zum grössten Teil reine Pflanzenfresser sind, wiegt nicht sehr schwer, denn die ältesten Ungulaten waren wahrscheinlich omnivor, wie es ihre am wenigsten abgeänderten Abkömmlinge, die Schweine, heute noch sind. Es sind die auf dem festen Lande verbreiteten Glieder wie wir aus der Beschaffenheit ihrer Knochen und Zähne wissen, erst mit der Zeit immer ausschliesslichere Grasfresser geworden."

Also eine directe Bestätigung der von mir aufgestellten Ansicht über die Abstammung der Huftiere, nur dass ich durch das Entwicklungsgesetz zu derselben geführt bin.

Als Kuriosum sei noch erwähnt, dass man die Huftiere sogar von den Insektenfressern abzuleiten gesucht hat.

72. Entsprechend der von Lepsius nachgewiesenen Abstammung habe ich die Seekühe als Nachkommen der Tapire dem Stammbaum eingefügt; jetzt verteidigt Prof. Fowler die Ansicht, dass auch die Cetaceen von Huftieren abstammen. Ich lasse die wichtigsten Stellen hier folgen und verweise im übrigen auf das Original: „Wie schon vor längerer Zeit durch Hunter nachgewiesen wurde," schreibt Fowler, „giebt es zahlreiche Punkte im innern Bau der Cetaceen, welche dieselben vielmehr den Ungulaten als den Carnivoren annähern, so der zusammengesetzte Magen, die einfache Leber, die Athmungsorgane, ganz besonders auch die Fortpflanzungsorgane und die auf die Entwicklung des Fötus bezüglichen Gebilde, selbst der Schädel von Zeuglodon, dem wir eine grosse Aehnlichkeit mit denjenigen eines Seehundes zuerkannt haben, zeigt ebenso viele Uebereinstimmung mit den ältesten schweinartigen Ungulaten, ausser in dem reinen Anpassungscharakter der Form der Zähne. Die Ungulaten waren anfangs sicherlich omnivor. Der Delphin des Ganges (Platanista) und die nahe mit demselben Verwandten sind bis zum heutigen Tage ausschliesslich Flussbewohner. Sumpfbewohnende Tiere mit spärlicher Haarbedeckung, gleich dem heutigen Flusspferd, aber mit breitem Ruderschwanz und kurzen Beinen, von omnivorer Lebensweise, indem sie wahrscheinlich Wasserpflanzen, Muscheln, Würmer und Süsswasserkrustaceen verzehrten — Tiere, die sich mehr und mehr den neuen Verhältnissen anpassten, haben sich schrittweise zu delphinartigen Geschöpfen umgebildet."

Man sieht hier so recht deutlich, wie die Nachkommen einst hochstehender Tiere Schritt für Schritt der Monophagie zueilen und damit immer tiefer sinken. —

73. Die Schwanzlosigkeit der Robben ist sehr characteristisch. Der Schwanz ist ein vorzügliches Ruder- und Steuerorgan für schwimmende Tiere, so dass eine Verkümmerung desselben bei ihnen kaum glaublich erscheint, eher würden die Hinterfüsse verkümmern, und der Schwanz auf Kosten derselben zunehmen, das lehren erstens die Robben, bei denen die hinteren Extremitäten die Functionen eines Schwanzes erfüllen; zweitens

die Wale. „Die Zeit, sagt Fowler, ist wohl schon längst vorüber, da man die Cetaceen als Tiere definirte, „mit verwachsenen Hinterbeinen, die einen horizontalen Gabelschwanz bilden." Beim Wal sind die Hinterbeine ganz rückgebildet, und dafür ist der Schwanz zu einem mächtigen Schwimmorgan entwickelt. (Das nähere darüber l. cit.)

74. Ich setze hinzu: Die Menschen sind damals aus den Bären entstanden, als die Pflanzen- und Fleischfresser sich bereits von demselben Stamme abgetrennt hatten, indem sich ein Teil der omnivoren Bären der neuen Nahrung (Huftiere) anpasste.

Ich glaube mit dieser Abstammungshypothese in ein rechtes Wespennest gestochen zu haben: Für sehr viele Naturforscher ist die Abstammung vom Affen der Inbegriff aller Seligkeit und ein Glaubenssatz, an dem man nur rütteln darf, wenn man sich ein Heer von Feinden auf den Hals laden will. — Auch ich gehörte einst zu den eifrigsten Anhängern der Lehre von der Affenabstammung und war nicht wenig erschrocken, als ich nach Aufstellung des Entwicklungsgesetzes consequenterweise die Affenabstammung negiren musste. Je länger ich seitdem über die Sache nachgedacht, desto mehr bin ich zu der Ueberzeugung gekommen, dass die Abstammung der Menschen nicht von den Affen, sondern von den Bären herzuleiten ist: und jetzt betrachte ich diesen Schluss als den besten Beweis für den Wert der von mir aufgefundenen Gesetze. —

Um die Affenabstammung zu retten, wird man vielleicht die Affen als Omnivore darzustellen trachten, dem will ich hiermit vorbeugen: „Die Affen sind entschieden frugivor, wenn nicht etwa ein gemordeter Vogel oder eine gefressene Eidechse oder eine octroyirte Diät in der Gefangenschaft den Gegenbeweis liefern soll. (Leonhard Baltzer: Nahrung- und Genussmittel, p. 20.)

Der Ausspruch Brehms: den Affen ist alles Geniessbare recht, ist eine Phrase, nichts weiter; geniessbar sind auch Schafe, Schweine, Löwen, Fische u. s. w., und diese sind den Affen garnicht recht. Es zeigt dieser Ausspruch nur, wie wenig Wert man bis jetzt auf die Beobachtung der Nahrung der Tiere gelegt hat. — An einer andern Stelle sagt Brehm: „Verschiedene Früchte, Samen, Pflanzenblüten bilden einen Teil der Nahrung der Krallenaffen, nebenbei aber stellen sie mit grösstem Eifer allerlei Kleingetier nach: Kerbtieren, Spinnen u. dgl. Jedenfalls sind sie mehr als alle übrigen Affen Raubtiere." Ich glaube, damit ist bewiesen, dass die Affen Fruchtfresser sind. —

Auch den Affen hat man eine künstliche Diät octroyirt. Um zu beweisen, dass sie dem Menschen nahe verwandt seien, hat man ihnen menschliche Nahrung gegeben und die Tiere haben sie angenommen, sogar „mit Löffel und Gabel genossen". Dass sie dabei gewöhnlich schon nach einigen Jahren zu Grunde gehen, oder im günstigsten Fall eine

Zeitlang leben bleiben, aber unfruchtbar sind, was schadet das? Es ist ja bewiesen, was bewiesen werden sollte.

Ob die Affen die Nahrung als solche, oder nur, weil gewisse Stoffe in derselben, Zucker z. B., ihre Begierde erregten, annahmen, hat dabei auch niemand beobachtet.

75. Jäger: In Sachen Darwins. p. 100.

76. Den Anhängern der Affenabstammung bleibt hier das Rätsel zu erklären: wie aus einer Hand mit tiefstehendem Daumen ein Fuss werden kann, bis jetzt sind noch keine Gründe beigebracht, die eine solche Umwandlung irgend wie wahrscheinlich machen. — Die *Affen* schlagen die Finger beim Gehen nicht zum Vergnügen ein, sondern deshalb, weil sie sich die Finger beim Auftreten ausbrechen würden.

77. Jäger: Zoologische Briefe, p. 10.

78. Nahrungs- und Genussmittel, p. 32.

79. Nahrungs- und Genussmittel, p. 35.

80. Carl Vogt: Vorlesungen über den Menschen, p. 32.

81. Virchow: Affen- und Menschenschädel, p. 26.

82. ibd. p. 25.

83. }
84. } Carl Vogt l. cit. p. 280.

85. Wer a sagt, muss auch b sagen. Wer eine Fortentwicklung der Tierwelt bis zu den Menschen annimmt, der muss auch eine Weiterentwicklung über den Menschen annehmen, denn so naiv ist wohl kein Naturforscher, dass er die Entwicklung der Tierwelt mit dem Entstehen des Menschen für abgeschlossen hält. —

86. Ich verweise auf die vorzüglichen Zeichnungen in Brehm, deren Nachzeichnung mir leider nicht gestattet wurde.

Anhang I.

Besprechung der Naegelischen Abhandlung: Ueber den Einfluss äusserer Verhältnisse auf die Varietätenbildung im Pflanzenreiche.

Das Ergebnis, zu welchen Naegeli in seiner eben erwähnten Abhandlung kommt, ist folgendes: „Die Bildung mehr oder weniger konstanter Arten oder Racen ist nicht die Folge oder der Ausdruck der äusseren Agentien, sondern wird durch innere Ursachen bedingt. Der Einfluss der äusseren Verhältnisse bewirkt allerdings auch Modifikationen in der Pflanze, aber es sind diese keine eigentlichen Varietäten oder Racen, sie führen auch nicht dazu und erlangen keine Constanz.“

Vor der Besprechung dieser Sätze möge man mir eine Bemerkung erlauben:

Naegeli weist in einem andern, in demselben Bande der Schriften der Münchener Akademie erschienenen Aufsatze nach, dass die chemischen und physikalischen Eigenschaften des Bodens für die Verteilung der Gewächse ein wichtiger Faktor sind. Gelänge es nachzuweisen, dass eine, von einem Boden abhängige Pflanze beim Uebergang in eine neue Lebensbedingung Varietäten erzeugt habe, die durch Einwirkung der neuen Lebensbedingungen hervorgerufen sind, so fiele damit der Satz von den innern Ursachen von selbst. Ich habe im Texte eine Reihe solcher Beispiele angeführt und könnte daher von vorn herein den Naegeli'schen Aufsatz für widerlegt erachten; aber die bedeutende Rolle, die derselbe seit seinem Erscheinen ausgeübt hat und noch ausübt, zwingt mich zu einer besonderen Besprechung.

Naegeli stützt seine Theorie von den innern Ursachen auf zwei, eigentlich vier Sätze, sie lauten: 1a) Verschiedene Varietäten der gleichen Art kommen auf den nämlichen Standorten. Arten unter den nämlichen Verhältnissen vor; 1b) Pflanzenzüchter erzeugen ungleiche Racen und Abarten einer Species unter den gleichen äusseren Bedingungen; 2a) Es werden die nämlichen Varietäten einer Pflanze auf sehr verschiedenen, selbst auf den heterogensten Lokalitäten getroffen; 2b) Es entstehen bei einer Racenbildung auf künstlichem Wege die nämlichen Racen unter verschiedenen äusseren Verhältnissen. — Den ersten Satz: Verschiedene Varietäten der gleichen Arten kommen anf den nämlichen Standorten vor, verallgemeinern wir und fragen: Woher kommt es, dass überhaupt Pflanzen verschiedener Arten unmittelbar neben einander bestehen; warum wandelt sich nicht die auf Sandboden wachsende Fichte in die mit ihr doch offenbar gleiche Lebensbedingungen teilende Kiefer um; warum haben die Pflanzen ein und desselben Teiches, die doch entschieden gleiche Lebensbedingungen haben, nicht die gleiche Form? Wenn wirklich die Nahrung formgebend ist, so müssen doch eigentlich alle Pflanzen die völlig gleiche Lebensbedingungen haben, auch gleiche Form haben!

Die Beantwortung dieser Frage scheint eine Unmöglichkeit und doch ist sie sehr einfach.

Haben denn wirklich alle diejenigen Pflanzen, welche auf demselben Acker, in demselben Teiche leben, gleiche Lebensbedingungen, gleiche Nahrung? Hat Nuphar luteum dieselbe Nahrung wie Nymphea alba? Nimmt sie genau dasselbe Mass von Kohlensäure, von mineralischen Nährstoffen, von Wasser auf wie die andere Pflanze? Die Antwort lautet verneinend. Schultz-Fleeth hat die chemischen Bestandteile der Wasserpflanzen eines Teiches untersucht, dabei zeigte sich, dass die Mengen der aufgenommenen Mineralstoffe sehr verschieden waren, (Poggendorf Ann. 1851, No. 9, p. 80—101.) Sie waren sogar verschieden in verschiedenen Individuen derselben Art. Die in vorwaltender Menge aufgenommenen Stoffe waren: Kohlensaurer Kalk in Charen, bei Hottonia, Nuphar; Kali bei Stratiotes; Kieselerde: bei Scirpus und Phragmites; Chlornatrium bei Nymphaea alba; bei Typha gleichen sich die Quantitäten dieser Stoffe mehr aus."

— Das Resultat einer Reihe ähnlicher Aschenanalysen fasst Sachs (Lehrbuch 672) in folgenden Sätzen zusammen: „Es hängt die Anhäufung bestimmter Stoffe in den Wasserpflanzen davon ab. ob ihre im umspülenden Wasser vorhandene Verbindung in der Pflanze zersetzt wird; es müssen sich ferner die Bestandteile verschiedener Verbindungen in verschiedenem Masse in der Pflanze anhäufen, je nach ihrem Verbrauch in dieser; und es braucht endlich die quantitative Zusammensetzung der betreffenden Stoffe innerhalb der Pflanze keine Aehnlichkeit mit der des umspülenden Wassers haben. So können Stoffe, welche in diesem als höchst verdünnte Lösungen vorhanden sind, sich in der Pflanze in überwiegender Menge finden, während andere, die in jenen überwiegen, hier zurücktreten, so nehmen die Meerespflanzen viel mehr Kali in sich auf und weniger Natron, als der Zusammensetzung des Meereswassers entspricht; so sammeln die Fucusarten beträchtliche Mengen von Jod, welches im Meerwasser nur in äusserst verdünnten Lösungen vorkommt. Da ferner verschiedene Pflanzen dieselben Verbindungen mit verschiedener Geschwindigkeit zersetzen, so erklärt es sich auch, dass verschiedene Pflanzen, welche ihre Nährstoffe aus demselben Wasser ziehen, eine ganz verschiedene Zusammensetzung ihrer Asche zeigen."

„Für die Landpflanzen sind dieselben Prinzipien für die Stoffaufnahme in Kraft, die oben für die Aufnahme aus einer Lösung angedeutet wurden. Auch hier ist es der Verbrauch, die Zersetzung der Verbindung in der Pflanze, welche die Aufnahme der Stoffe regelt; daher hat die Zusammensetzung der Asche in quantitativer Hinsicht keine Aehnlichkeit mit der des Bodens, daher können Pflanzen verschiedener Art, die dicht beisammen denselben Boden aussaugen, ganz verschiedene Aschenzusammensetzung zeigen." — Pfeffer: Pflanzenphysiologie Bd. I, p. 51 ff. schreibt: „Die ungleiche Zusammensetzung der Asche von Pflanzen, welche unter gleichen äusseren Bedingungen und in demselben Boden resp. Wasser erwuchsen, demonstrirt unmittelbar die specifische Verschiedenheit des quantitativen Wahlvermögens.... Bei Wasserculturversuchen kann zugleich durch Controlle der

Lösung constatirt werden, dass von manchen Elementen wenig, von anderen viel in die Pflanze eintritt, und dass manche Körper bis auf die letzte Spur der Lösung entzogen werden.“ Sehr Recht hat daher Hoffmann mit seiner Erklärung. dass die Pflanze den Boden analysire, d. h. dass jede Pflanze ein bestimmtes Mass bestimmter Stoffe aus dem Boden sammle. (Zu demselben Resultate kommt Knop bei Betrachtung der Wassercultur, Kreislauf des Stoffs Bd. I, p. 637 ff.). —

Aus dem oben gesagten folgt: es ist ein Irrtum, wenn man behauptet, dass Pflanzen auf demselben Boden gleiche Lebensbedingungen haben oder gar haben müssen, da sie nicht einmal gleiche Nahrung haben.

Man könnte aus dem oben Gesagten schliessen, dass die Pflanzen, weil sie den Boden analysiren, überhaupt von den im Boden enthaltenen Stoffen unabhängig seien; und in der That ist dieser Schluss von Hoffmann gemacht worden. Er ist aber nicht richtig: Zuerst ist es ein allgemeiner Erfahrungssatz, auf dem die ganze Pflanzenzüchtung beruht, dass je reicher die Nährstoffe im Boden vorhanden sind, desto grössere Quantitäten von den Pflanzen aufgenommen werden. Zweitens ist schon oben mitgeteilt worden, dass die Menge der aufgenommenen Mineralstoffe in den verschiedenen Individuen derselben Art verschieden gefunden ist; und Sachs sagt: „Wenn auch die Pflanzenasche in quantitativer Hinsicht keine Aehnlichkeit mit der des Bodens hat, macht sich doch nebenbei die Zusammensetzung des Bodens in derselben bis zu einem gewissen Grade geltend, indem z. B. Pflanzen derselben Art, wenn sie auf einem kalkreichen Boden wachsen, mehr Kalk aufnehmen, als auf einem kalkarmen Boden, was zeigt, dass die Zersetzung eines Salzes in der Pflanze in um so reicherem Masse stattfinden kann, je leichter ihr die Aufnahme derselben gemacht wird.“

Da die Pflanze auf kalkreichem Boden mehr Kalk aufnimmt als auf anderem, weniger mit diesem Stoffe gesättigtem Boden, so wird, falls viele Generationen dieser Pflanze auf demselben Gebiete sich entwickeln. das Kalkbedürfnis der betreffenden Art durch Vererbung vergrössert werden.

Hiernach kann man auch die morphologischen Abänderungen bestimmen, welche Pflanzen auf einem extremen Kalk- oder Kaliboden erleiden werden. Sie werden sich natürlicherweise nicht in einander verwandeln, dafür bürgt erstens ihre phylogenetische Entwicklung, und dann das ererbte Nährstoffbedürfnis, aber sie werden bestimmte gemeinsame Charactere aufzuweisen haben, die eben die notwendige Folge der reichlichen Aufnahme eines bestimmten Nährstoffes sind; ebenso wie die Pflanzen unter gewissen Licht- und Wärmebedingungen bestimmte gemeinsame Charactere erkennen lassen — ein Gesetz, dem auch diejenigen Tiere verschiedener Ordnungen und Klassen folgen, welche von gleicher Nahrung leben, und dessen Wirkung man bis jetzt fälschlich unter den Namen Mimicry der natürlichen Zuchtwahl zugeschrieben hat.

Wenn nun eine Pflanzenart auf einen andern Boden rückt, so wird sie durch die neue Nahrung beeinflusst und wird abändern. Es fragt sich nun, müssen die Abänderungen sich nach „einer“ Richtung hin vollziehen? Wiederum lautet die Antwort: nein. Gesetzt der Boden enthalte reichlich alle die zum Gedeihen der Pflanzen notwendigen Stoffe, so kann die eine Pflanze von dem einen Stoffe mehr zur Ausbildung ihrer Substanz benützen, als ihre Schwesterpflanze; die eine gebraucht mehr Kali, die andere mehr Kalk, die dritte mehr Chlornatrium u. s. w. Es können daher aus einer Mutterpflanze, sobald ihre Samen auf fremden Boden kommen, einige resp. viele Varietäten entstehen, die alle nur Producte äusserer Einflüsse darstellen.

Wenn daher zwei Varietäten resp. zwei Arten einer Pflanzenform auf ein und demselben Boden gefunden werden, so ist dieses Vorkommen durchaus kein Beweis für das Vorhandensein innerer Entwicklungskräfte in der Pflanze.

Damit fällt der erste Satz, auf den Nägeli seine Ansichten stützt, und damit fallen auch alle anderen, weil sie alle auf demselben Trugschluss beruhen. — Das Variiren nach verschiedenen Richtungen wird besonders in sehr nährstoffreichem Boden stattfinden müssen, daher bilden Pflanzen, welche in Cultur genommen werden, schon nach kurzer Zeit viele Varietäten. Der Gärtner sucht nun unter den Abweichungen von der Stammform diejenigen aus, welche ihm für seine Zwecke am geeignetsten erscheinen, er wiederholt diese Auslese bei den Nachkommen derselben. d. h. er begünstigt die Entwicklung der Pflanzen in bestimmten Nahrungsrichtungen. Nun sagt Nägeli selbst, Constanz ist das Resultat der Vererbung durch viele Generationen: es befördert also der Gärtner durch Begünstigung bestimmter Nahrungsrichtungen die Ausbildung vieler, für den Culturboden constanter, neuer Arten.

Ich will hier gleich einen Irrtum zurückweisen, den man in Betreff des Bodeneinflusses gewöhnlich hegt.

Man nimmt nämlich stillschweigend an, jede Kalkpflanze müsse notwendigerweise auf einem Kalkboden gedeihen, sie gehen auf Kaliboden ein oder müsse variiren. Diese Annahme ist grundfalsch. Eine Pflanze, die reichlich Kalk zur Ausbildung ihres Organismus braucht, wird natürlicherweise mit Vorliebe auf Kalkboden gedeihen und sie wird anderenfalls untergehen, wenn sie in einem Boden die nötige Nährstoffmenge nicht vorfindet, aber sie wird anderseits auch auf anderen Bodenarten gedeihen, die dieselbe zu liefern im Stande sind. Dieses wird durch ein Beispiel Nägeli's bewiesen. „Von Achillea atrata und A. moschata gehört erstere dem Kalk, letztere dem Urgebirge (Granit, Gneis u. s. w.) an. Man hat nun geschlossen, A. atrata könne nur auf kalkreicher, A. m. nur auf kalkarmer Unterlage wachsen, man hat selbst gemeint, die eine wäre eine Varietät der kalkarmen, die andern der kalkreichen Localitäten und sie verwandelten sich ineinander, wenn sie auf ihren gegenseitigen Standort gelangten. Weder das eine noch das andere ist richtig, denn A. m. gedeiht ganz gut in Kalk, und A. a. auf Urgebirge. Sind sie in Gesellschaft, so scheiden sie sich nach der geognostischen Unterlage aus. Wir können dies nur so erklären, dass wir annehmen, es komme A. m. besser auf kalkreichem Boden fort, als A. atr., diese dagegen auf kalkreichem Boden besser als erstere, daher verdrängen sie sich gegenseitig, wenn sie als Concurrenten auftreten." — Also wir sehen hier zwei nahe verwandte Arten, von verschiedenen Bodenstoffen abhängig, trotzdem gedeihen sie auf anderen Bodenarten. eben weil sie den Boden analysiren, anderseits verdrängt eine. Art die andre, weil sie in den entsprechenden Boden ihre Nährstoffe leichter gewinnt als die andere. —

Wenn daher eine Pflanze, die man als Kalkpflanze kennt in anderem Boden gedeiht, so ist damit noch durchaus nicht bewiesen, dass sie ihre Ausbildung nicht dem Kalkboden verdankt.

Anderseits werden extreme Kalkpflanzen bei Zusatz von Kali oder andere Stoffen leicht absterben, weil ihr Organismus extrem nach einer Richtung ausgebildet ist, so dass er sich nicht mehr nach einer andern Richtung hin umbilden kann; vielleicht sind dann auch die betreffenden Stoffe für den betreffenden Organismus directe Gifte, sodass die Pflanze garnicht einmal den Versuch zu einer Umbildung macht. —

Nägeli sagt dann weiter:

„Es giebt Varietäten neben der Stammform auf demselben Boden.“

Zuerst muss anerkannt werden. dass es Varietäten und Arten giebt, die verschiedene Lebensbedingungen fordern: Primula elatior wächst auf trocknem. Primula officinalis auf feuchtem Boden. Prunella grandiflora auf trocknem, Prunella vulgaris auf feuchtem Boden; Salsola Kali mit fleischigen Blättern auf Salzboden. Salsola Kali mit dünnen Blättern an Flüssen, Ranunculus auricomus auf trocknem Boden. Ranunculus cassubicus, der nur eine Varietät des ersteren ist (Klinggräff). im Waldesschatten und unzählige andere Beispiele. Also es giebt Varietäten, welche sofort den Einfluss des Bodens erkennen lassen, und solche, die es nicht thun.

Es ist schon früher von mir betont worden, dass Schulz-Fleeth nachgewiesen hat (und nach ihm haben es viele andere gethan), dass Individuen derselben Art auch unter ganz gleichen Lebensbedingungen durchaus nicht absolut gleiche Mengen ihrer Nährstoffe aufnehmen, wenn auch das Verhältnis dasselbe bleibt, es ist daher auch ganz unbillig zu verlangen. dass sie ganz gleiche Gestalt haben sollen.

„Nicht zwei nebeneinander liegende Cubikcentimeter Erdboden“, sagt Hanstein, ein Anhänger der Theorie von den inneren Ursachen (Allgem. Morphologie der Pflanzen, p. 163), können ganz gleiche Zusammensetzung haben, mithin brauchen keine zwei noch so nahe benachbarte Individuen gleich ernährt zu sein. So leben denn auch keine zwei Nachbarbäume im Walde, sondern keine zwei Graspflänzchen auf der Trift unter genügend gleichen Bedingungen um Aussicht zu haben, ihre Gestaltung ganz gleich durchführen zu können (wenn sie auch in ganz gleichem Boden sich befänden, wäre damit noch nicht gleiche Nahrung und also auch nicht Formgleichheit gesichert Verf.). Nun ist selbst bei den niedrigsten Pflanzen von Krystallform nirgends die Rede; nirgends Congruenz der Gestaltung, nicht einmal Aehnlichkeit im mathematischen Sinne des Wortes. Ja man könnte noch immer im Zweifel sein, ob nicht doch vielleicht trotz aller Wandelbarkeit des Blastogens (innere Ursachen) sämmtliche factisch auftretenden Umwandlungen durch irgend einen, wenn auch noch so geringen äussern Anstoss hervorgerufen werden.“

Will Nägeli die Theorie von der Wirkung innerer Ursachen aufrecht erhalten, so muss er nachweisen, dass aus zwei Keimlingen, welche während ihrer Entwicklung unter gleichen äussern Bedingungen quantitativ und qualitativ dieselbe Nahrung mit derselben Assimilationsenergie aufgenommen haben, zwei in der Form verschiedene Pflanzen entstanden sind. Ist dieser Nachweis unmöglich, dann ist auch die Theorie von den inneren Ursachen unhaltbar. — Die anderen Beispiele übergehe ich, weil sie durch das bis jetzt Gesagte, bereits widerlegt sind; nur zwei mögen hier noch angeführt werden. Nägeli sagt: „Behaarte und unbehaarte Exemplare kommen nebeneinander vor, damit ist bewiesen, dass die Behaarung nicht der Ausdruck für die Wirkung äusserer Agentien sein kann.“ Wir haben gesehen, dass Wasserreichtum im Boden Haarlosigkeit, Wasserarmut Behaarung hervorrufen. Und ich habe gezeigt, dass an einem Exemplar die Behaarung sehr stark oder garnicht erzeugt wird je nach der Feuchtigkeit im Boden. Es kann natürlicherweise auch in der Natur derselbe Boden Veranlassung zur Ausbildung behaarter und unbehaarter Varietäten geben. Gesetzt es kämen von zwei unmittelbar neben einander wachsenden Pflanzen die eine einen Monat später zur Entwicklung als die andere; die erstere erhalte gerade in ihrer Vegetationsperiode viel Regen, die zweite habe zuerst starke Trockenheit, dann eine Regenperiode zu bestehen, so wird die erstere jedenfalls bedeutend schwächer behaart sein als die andere. Es ist daher sehr gut möglich, dass behaarte und unbehaarte Exemplare durcheinanderwachsen.

Die Alpenvarietäten führt Nägeli auf Nahrungsmangel zurück; dabei lässt er dann die Grösse der Blüten unerklärt. Oder bewirkt Nahrungsmangel etwa Vergrösserung der Blüten? — „Alpenvarietäten“, sagt Nägeli, „kommen auch in der Ebene vor.“ Ueber dieses Vorkommen siehe: Kerner, Cultur der Alpenflanzen p. 42 ff, Man wird daselbst finden, dass es nur ganz bestimmte äussere Verhältnisse sind, welche das Wachstum der Alpenvarietäten in der Ebene ermöglichen. — „Ein anderes wichtiges Moment“, sagt Nägeli, „liefert die Erscheinung, dass bei der Racenbildung nicht etwa die Veränderung in allen Individuen gleichmässig erfolgt, sondern dass sie nur einzelne trifft. Wenn die äussern Einflüsse die Veränderung bewirkten, so müssten alle Individuen, die denselben ausgesetzt sind, die übereinstimmende Wirkung erfahren. Aus dem Samen einer Kapsel zeigt vielleicht eine einzige Pflanze eine Abänderung, welche bei fortgesetzter Aussaat zur Racenbildung führt, indess die übrigen Pflanzen und ihre Nachkommen der ursprünglichen Race treu bleiben.“ Wiederum liegt hier eine Verwechslung der gleichen Lebensbedingungen mit den gleichen Nahrungsbedingungen vor. Zweitens sind die Samen einer Kapsel durchaus nicht gleich. Jedermann weiss, dass die Samen einer Kapsel nicht nur in der Grösse, Farbe, Form, Quantität und Qualität verschieden sind, sondern dass auch ihre Keimkraft, ihre Entwicklungsenergie u. s. w. sehr verschieden sind; es ist daher nicht wunderbar, dass die einen früher, die andern später variiren.

Nägeli führt dann als Beweis an, dass Getreidearten auf demselben Boden wachsen ohne gleiche Form anzunehmen, dass in botanischen Gärten die Varietäten sich nicht in einander verwandeln u. s. w. — Sätze, die wir bereits ausführlich besprochen haben.

Der dritte und vierte Satz, auf denen die Theorie von den inneren Ursachen aufgebaut ist, und welche lauten: Die nämlichen Varietäten einer Pflanzenart kommen auf sehr verschiedenen Bodenarten vor; und es entstehen bei einer Racebildung auf künstlichem Wege die nämlichen Racen unter verschiedenen äussern Verhältnissen, gehen von der Voraussetzung aus, dass gleiche Lebensbedingungen gleiche Nahrungsbedingungen sind. sie sind also schon dadurch widerlegt. Aber Nägeli selbst hat ihnen den Todesstoss versetzt. Wie schon erwähnt, erklärt er in dem Aufsatze: „Ueber die Bedingungen des Vorkommens von Arten und Varietäten innerhalb ihres Verbreitungsbezirkes.“ (Sitzberichte d. Acad. z. München 1865.) „Innerhalb einer Region, welche einer Form durch die klimatischen Verhältnisse im allgemeinen angewiesen sind, wird die Verbreitung bedingt: 1) durch die besondere Modification dieser klimatischen Einflüsse, durch die physikalischen und chemischen Bodenverhältnisse. 2) durch die denselben Boden bewohnenden Pflanzen und Tiere“ u. s. w. Es könnte Nägeli also nur die bodenvagen (omnivoren) Pflanzen als Beweis dafür anführen, dass Varietäten auf den verschiedensten Bodenarten fortkommen; aber es beruht die Fähigkeit omnivor zu leben sicherlich nicht auf inneren Ursachen, sondern auf der chemischen Zusammensetzung des Protoplasmas. —

Sehr wichtig ist, was Nägeli über das Constantwerden derjenigen Veränderungen sagt, welche durch äussere Ursachen hervorgebracht worden sind.

„Constanz ist immer Folge der Vererbung durch eine Reihe von Generationen.“

„Gegen das Constantwerden der durch äussere Einflüsse hervorgerufenen Modificationen spricht: 1. Das Vorkommen der Varietäten. Quercus Robur pedunculata und sessiliflora wachsen durch einander. Wenn Boden und Clima die Varietäten erzeugt, müssten diese Arten verschmelzen.“ — Dieser Satz ist widerlegt.

2. Die Erfahrung der Cultur: Die Getreidearten kommen auf demselben Boden vor.“ — Auch dieser Satz ist widerlegt.

3. „Die Natur der wirkenden Einflüsse und die Art und Weise ihrer Einwirkung.“ „Die durch äussere Einflüsse bewirkten Erscheinungen werden nicht constant. Dieselben bestehen vorzüglich in einer Steigerung oder Schwächung einzelner Processe. Die Wirkung entspricht der Ursache und muss mit ihr aufhören. In einem feuchten Boden ist die Pflanze gross, stark verzweigt und reich blütig; aber niemand kann daran denken, dass diese Eigenschaften Constanz erlangen. Wenn Pflanzen während einer noch so langen Reihe von Generationen in Folge Lichtmangel bleichsüchtig geworden sind, so werden sie doch, sobald das Licht wiederum einwirkt, intensiv grün werden. Wird der Wald umgehauen, so treten verschiedene krautartige Pflanzen hervor, von denen einige während längerer Zeit, möglicherweise durch Jahrhunderte, als Stolonen mit bleichen unausgebildeten Blättern ein kümmerliches Dasein fristeten. Sobald die warmen Sonnenstrahlen nach der Abholzung den Boden treffen, entwickeln sich diese Gewächse so üppig und mit so lebhafter Färbung, als ob sie sich dessen nie entwöhnt hätten.“ Beispiele führt Nägeli leider nicht an, was doch gerade hier sehr nötig wäre, denn mir fällt es sehr wohl ein, gegen diesen Satz zu opponiren. Es giebt eine Reihe von Schattenpflanzen, die sich nach der Abholzung nicht besser sondern schlechter entwickeln; es giebt eine Reihe von Wasserpflanzen, die aus Landformen entstanden sind, aber noch zeitweise Landform annehmen können; es giebt aber auch eine Reihe von Wasserpflanzen, welche durch äussere Ursachen entstanden sind, und diese können nicht mehr Landform annehmen. — Es giebt Alpenvarietäten, die sich sofort in Talformen umwandeln; es giebt solche, die es erst nach längerer Zeit thun und solche, die es gar nicht mehr thun, denn sie sind constant geworden. — Der Satz, wie ihn Nägeli ausspricht, ist also nicht richtig.

Dies sind die Gründe, welche Nägeli zu Gunsten der Theorie von der Entstehung der Arten aus inneren Ursachen ins Feld führt, sie alle haben sich als Scheingründe erwiesen, mithin ist die erwähnte Theorie widerlegt.

Nehmen wir trotzdem einmal an, die Ansicht Nägeli's sei richtig, es entständen die Varietäten und Arten der Pflanzen aus inneren Ursachen, so sind in Betreff der inneren Ursachen zwei Fälle möglich: Entweder weiss die Pflanze, dass eine Form ihr besonders nützlich ist, z. B. dass Dornbildung auf Sandboden ihr vortrefflich zu statten kommt, und sie bildet daher Dornen aus, es sind die Varietäten also Folgen dieses Bewusstseins; oder die Form entsteht, weil bestimmte unablässlich in der Pflanze wirkende Kräfte sie hervorrufen, also unbewusst.

Der erste Fall ist unsinnig, bleibt also nur der zweite übrig: Bestimmte Kräfte wirken unablässlich in der Pflanze und erzeugen Varietäten. Dieser Satz zerfällt wieder in zwei Möglichkeiten: Entweder entstehen die Veränderungen ganz unabhängig von äussern Bedingungen. oder sie gehen hervor im Zusammenhang mit ihnen.

Nehmen wir an, sie entständen ganz unabhängig von äussern Bedingungen. (Diesen Satz hat Nägeli als möglich aufgestellt, indem er sagt: „Es liesse sich annehmen, dass eine Varietät auf irgend eine andere Weise, als durch Einfluss des Bodens, entstanden sei, aber sie finde ihre Existenzbedingung blos auf demselben). Die inneren Kräfte bewirkten also, dass eine Pflanze plötzlich Dornbildung zeige, sie bewirke ferner, dass andere Exemplare zu Wasserpflanzen sich auszubilden streben, noch andere zum Schmarotzertum übergehen u. s. w.; dann folgt daraus aber mit Notwendigkeit: es werden alle diejenigen Pflanzen, welche im Wasser das Bestreben haben, zu verholzen. die in den Steppen Wasserpflanzen geworden sind u. s. w., unrettbar verloren sein, weil die so umgewandelten in ihrer Umgebung nicht ihre Lebensbedingungen finden; es würden also, falls diese Entwicklungsart bestände, immerfort unzählige, „lebensfähige" Pflanzenarten und -Familien zu Grunde gehn, einfach deshalb. weil ihre Entwicklungszeit gekommen wäre; nur diejenigen, welche so glücklich wären, so zu variiren, dass sie in ihrer Umgebung ihre Lebensbedingungen fänden, würden bestehen bleiben.

Von solcher Umbildung ist aber nirgends etwas zu merken; noch hat niemand Wasserpflanzen auf Steppenboden gefunden, auch daselbst nie solche Pflanzen, welche das Bestreben hatten, sich nach jener Richtung hin umzuwandeln u. s. f. Schon aus diesem Grunde ist die Möglichkeit einer solchen Entwicklung ausgeschlossen.

Ausserdem gerät man bei Annahme eines solchen Entwicklungsgesetzes in eine Sackgasse: Es giebt eine Reihe „materieller" Pflanzengifte, diese zerstören den Organismus der Pflanze. Eine Anzahl materieller Kräfte hat also Einfluss auf den Pflanzenorganismus, die andern haben es nicht?

Ausserdem werden alle Organe der Pflanzen in nährstoffreichem Boden grösser als gewöhnlich, das kann doch nur eine Folge der Wechselwirkung zwischen äussern und innern Bedingungen sein. — Bleibt also nur der letzte Fall: Die äussern Einflüsse rufen innere (immaterielle) Kräfte in Tätigkeit und diese bewirken die Umwandlung. Wäre diese Annahme richtig, dann müssten eine Reihe von Umbildungen von vorne herein als Ausnahmen gelten, da nachgewiesen ist, dass sie Folgen äusserer Einflüsse sind; und ist dasjenige Gesetz richtig, welches ich als Entwicklungsgesetz aufgestellt habe, dann kann auch bei den Tieren von inneren Ursachen kaum noch die Rede sein. Man könnte dann einwerfen: es giebt aber eine immaterielle Lebenskraft u. s. w. Das heisst mit anderen Worten, dasjenige, was wir bis jetzt nicht erklären können, beruht auf inneren Ursachen; dann frage ich aber: kennen wir denn bereits alle in einem belebten Organismus tätigen, materiellen Kräfte und ihr Zusammenwirken? Erklären dieselben nicht genug, sodass wir gezwungen sind, zu immateriellen Kräften unsere Zuflucht zu nehmen? Gewiss, es giebt viele Erscheinungen in der Natur, die wir nicht erklären können, aber wir wissen ebenso wenig darüber, wenn jemand behauptet, sie seien Producte immaterieller Kräfte. Nimmt jemand aber solche Kräfte als wirkend an, so muss er doch wenigstens nachweisen, wie diese immateriellen Kräfte auf die materiellen, d. h. von der Materie ausgehenden wirken; muss erklären, woher es kommt, dass immaterielle Kräfte durch materielle vernichtet oder verdrängt werden, muss überhaupt irgend eine Veränderung nachweisen, die als Wirkung der immateriellen

Kräfte anzusehen ist; denn Kräfte anzunehmen, die sich bis jetzt nie betätigt haben, und mit denen man überhaupt nichts beweist und bewiesen hat, ist, glaube ich, nicht nur völlig überflüssig, sondern geradezu gefährlich, weil es den Fortschritt der Wissenschaft hemmt, ohne ihr auch nur im geringsten zu nützen, denn dass wir unendlich viele Erscheinungen der Natur bis jetzt nicht zu erklären vermögen, besonders diejenigen, deren Wurzeln in der Vergangenheit ruhen, giebt jeder Naturforscher gern und willig zu. er hat deshalb durchaus nicht nötig, hinter den Deckmantel: innere Ursachen zu flüchten und sich selbst damit den Weg zur Erkenntniss zu verlegen; und wenn ein Naturforscher zwischen zwei gleichartigen Hypothesen zu wählen hat, so wird und muss er stets diejenige wählen, welche ihm aus bekannten Erscheinungen die unbekannte erklärt; so lange also Nägeli nicht andere Gründe für das Wirken innerer Ursachen herbeibringt, als die widerlegten und „unser Nichtwissen“, so lange muss jeder Naturforscher „auch die Lebenskraft“ als ein complicirtes Spiel materieller Kräfte erklären.

Anhang II.

Ueber Züchtungsversuche.

Für Züchtungsversuche muss nachfolgende Betrachtung zu Grunde gelegt werden:

Es giebt variable und constante Arten: die variabeln Arten sind omnivor, die constanten monophag. Man wird daher mit omnivoren Individuen Züchtungsversuche anstellen müssen. Solche omnivoren Individuen sind unter den Pflanzen die Rubus- und Salixarten und viele andere; bei den Tieren die Hunde.

Ehe der Versuch angestellt wird, muss man zu erforschen suchen, welchen Verlauf er vermutlich haben wird. Hierbei treten die constanten Arten in ihre Rechte. Ein Beispiel wird dieses am besten zeigen: Es giebt auf Sandboden eine Reihe constanter Pflanzen, die succulente Blätter besitzen, und es giebt in schattigen Laubwäldern Pflanzen mit exquisiten Schattenblättern. Beide Reihen gehen ein, wenn ihre Lebensbedingungen wesentlich verändert werden. Sie sind also characteristisch für diese Lebensbedingungen und wir werden schliessen, dass ihre Organisation eine Folge derselben sei. Es giebt nur Pflanzen, welche sowohl Sonnen- wie Schattenblätter bilden können, es sind das die omnivoren Arten (d. h. in diesem Falle in Betreff des Lichtes omnivor). Man wird nun zuerst die in der Natur vorkommenden Pflanzen mit succulenten Blättern untersuchen; dann wird man mit variabeln Arten Züchtungsversuche anstellen. Man wird sie und ihre Nachkommen immer stärkerem Lichte resp. Schatten aussetzen und jedesmal untersuchen, welcher Art die dadurch im Organismus erzeugten Veränderungen sind und ob sie in der Richtung der durch die constanten Arten bezeichneten Stufe fortschreiten. Ist dieses der Fall, denn wird man schliessen können, dass die betreffenden Charactere der constanten Arten Folgen des Einflusses der Lebensbedingungen sind.

Endlich wird man suchen, ob man nicht in der Natur Pflanzen vorfindet, welche bereits eine Zwischenstufe zwischen variabeln und constanten Arten bilden, wird diese züchten und die Resultate sorgsam vergleichen.

Vor allem warne ich davor mit constanten Arten zu beginnen. Für diese gilt sehr oft der Satz: Sie sind, oder sind nicht. Im günstigsten Falle wird man viele Mühe und Zeit verschwenden, denn die constanten Arten, welche dadurch entstanden sind, dass viele Generationen unter ein und derselben Lebensbedingung entstanden sind, werden ebenso viele Generationen brauchen, um wieder variabel zu werden, wenn sie es überhaupt werden." — Man wird also aus einer Reihe constanter Arten, welche für eine Lebensbedingung characteristisch sind oder zu sein scheinen, durch Vergleichung Schlüsse auf die Wirkung der Lebensbedingungen machen. Man wird dann mit Omnivoren Züchtungsversuche anstellen und nachsehen, ob diese Schlüsse Bestätigung finden. — Dieser Satz gilt für alle Züchtungsversuche. Will man z. B. den Einfluss einer bestimmten Bodenart studieren, so wird man eine Reihe von nahe verwandten, jedoch auf den betreffenden, verschiedenen Bodenarten wachsende Pflanzen (sogenannte vicarirende Arten) vergleichen und das Gesetz durch Culturen zu beweisen suchen.

Diese Methode wird nur dann von Erfolg begleitet sein, wenn man Pflanzen von einem Boden in den andern bringt; denn es ist leicht einzusehen, dass ein Versuch im botanischen Garten, wo man ein Beet mit Kalk, ein anderes mit Kali düngt, nicht genügt; denn die betreffende Pflanzenart ist nicht ein Product eines Nährfactoren, sondern der Gesammtheit derselben. Nun hängt aber der Wasserreichtum des Bodens teilweise von den atmosphärischen Niederschlägen ab, diese werden wieder durch den Boden beeinflusst, es hat also z. B. ein Kalkboden — um blos eines zu nennen — eine ganz andere Atmosphäre als ein Kaliboden. —

Resultate wird man bei Cultur in verschiedenen Bodenarten erhalten; weil aber zu viele Factoren in einander greifen, werden die Variationen der Erklärung grosse Schwierigkeiten bieten. Es wird daher nötig sein, besonders in Betreff des Einflusses der mineralischen Nährstoffe Wasserculturen oder Culturen in künstlichen Boden zu unternehmen. Man wird erst das Minimum und Maximum des Nährstoffbedürfnisses der Pflanze bestimmen und wird dann nachsehen, ob man nicht durch Wasserculturen oder Zucht in künstlichen Böden nach einer Richtung hin Abänderungen erzielt. — Es wird sich diese Art der Züchtung um so mehr empfehlen, weil die Pflanzen den Boden analysiren, mithin die Wirkung der mineralischen Nährmittel sich durch Culturversuche auf verschiedenen Bodenarten nie wird bestimmen lassen.

Bei Tieren ist das Verfahren ganz ähnlich. Es giebt eine Reihe von streng constanten Arten: streng constante Fleischfresser z. B., und es giebt Omnivoren. Man wird aus den constanten Arten durch Vergleichung Gesetze zu gewinnen suchen und wird dann die Omnivoren unter die betreffenden Lebensbedingungen bringen und nachsehen, ob sie sich in der durch die Gesetze angedeuteten Richtung fortentwickeln, Dabei schrecke man nicht vor Inzucht zurück: Settegast erwähnt, dass viele Tierzüchter, welche vorzügliche Race gezüchtet haben, die Inzucht häufig angewandt haben und dabei zu vorzüglichen Resultaten gelangt sind. Das ist ganz natürlich: Durch die Inzucht werden Charactere, welche beiden Individuen gemeinsam sind, sicherer und schneller vererbt; also auch diejenigen Charactere, welche durch Nahrungswechsel bedingt sind; man wird dadurch um so schneller Resultate erhalten. —

Es versteht sich von selbst, dass die Stammeltern und die folgenden Generationen nach der Geburt späterer Generationen abgetödtet werden dürfen, aber sorgfältig zur Vergleichung aufzubewahren sind, denn viele, anfangs minimale und daher leicht zu übersehende Charactere bilden sich bei den Nachkommen schärfer aus. —

Ich will hier noch auf das Gesetz der indirecten oder potenziellen Anpassung (wie Häkel es nennt) aufmerksam machen, damit niemand von der Fortsetzung von Züchtungsversuchen abgeschreckt wird. wenn ältere Tiere bei Futterwechsel nicht mehr variiren:

„Es lehrt die Erfahrung“, schreibt der ebengenannte Forscher (Gen. Morphologie II, p. 202 und Natürl. Schöpfungsgeschichte. p. 204.). dass Ernährungs-Veränderungen, welche den elterlichen Organismus treffen. und welche an diesem selbst nur geringe oft in Form und Function nicht wahrnehmbare Veränderungen hervorbringen, in ihrer Wirkung auf den kindlichen. von jenem erzeugten Organismus sehr bedeutende, in Form und Function oft äusserst auffallende Veränderungen hervorbringen; obwohl hier die wirkende Ursache blos den elterlichen Organismus trifft. kommt sie doch nicht an diesem, sondern erst an dem kindlichen Organismus zur Erscheinung. Dieses wichtige Gesetz zeigt sich äusserst auffallend bei unseren Haustieren und Culturpflanzen, bei denen wir nicht selten im Stande sind, durch ganz bestimmte Beeinflussung ihrer Ernährungsweise ganz bestimmte Veränderungen in Form und Function zu erzielen. welche aber nicht an ihnen selbst, sondern erst an ihren Nachkommen in die Erscheinung treten. Dieses gilt nicht nur für alle Fälle von unvollständiger Trennung des elterlichen und kindlichen Organismus, sondern es gilt auch für alle Fälle von vollständiger Trennung und namentlich auch für alle Fälle von geschlechtlicher Fortpflanzung. Es zeigt sich hier die höchst merkwürdige und wichtige Thatsache, dass selbst leichte Ernährungs-Aenderungen, welche in den meisten Organen und Functionen des elterlichen Organismus keine bemerkbare oder nur eine ganz unbedeutende Veränderung bewirken, auf die Geschlechtsorgane desselben eine verhältnissmässig colossale Wirkung ausüben, und namentlich auf die nicht vereinigten Geschlechtsproducte (Sperma und Eier) sehr bedeutend einwirken, so dass diese Einwirkung nach erfolgter Vereinigung derselben (Befruchtung) in Abänderung der Form und Function des kindlichen Organismus äusserst auffallend hervortritt. Allerdings sind uns im einzelnen diese höchst wichtigen nutritiven Wechselwirkungen zwischen Fortpflanzungsorganen und den übrigen Teilen des Organismus noch fast ganz unbekannt, und zum grössten Teil sehr rätselhaft; allgemeine und merkwürdige Beweise für ihre Existenz besitzen wir aber sehr viele."

Es wird dieses Citat, so hoffe ich, zur Vorsicht mahnen. —

In neuester Zeit ist von Ross ein Culturversuch veröffentlicht worden, durch welchen bewiesen wird, dass die Ausbildung niederliegender, wurzelnder Stengel eine Folge von Wasserreichtum im Boden ist, wofür bereits einige Beobachtungen von Sachs sprechen (Ref. Botan. Centralbl. Bd. XVII. (1884), Nr. 3). Ich gestehe, dass dieser eine Versuch mehr wissenschaftlichen Wert besitzt, als die zahlreichen, völlig planlosen Culturen des Herrn Prof. Hoffmann; ich empfehle trotzdem das Studium derselben, da man aus denselben etwas sehr wichtiges lernen kann, nämlich, wie man Culturversuche nicht anzustellen hat.

Zum Schluss richte ich an sämmtliche Leser die Bitte um Unterstützung bei meinen Arbeiten durch Angabe von Werken und Citaten über Nahrung und Eigenschaften von Völkern, Volksstämmen, Personen der Gegenwart und Vergangenheit.

Zeitfracht Medien GmbH
Ferdinand-Jühlke-Straße 7
99095 Erfurt, Deutschland
produktsicherheit@kolibri360.de